속지 않고 살 수 있다

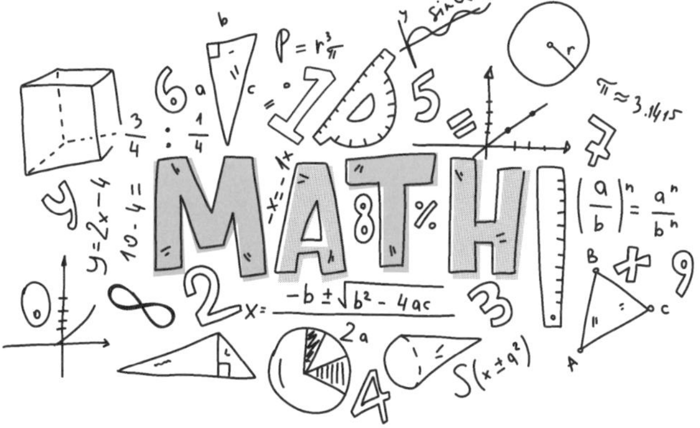

복잡한 세상을 꿰뚫는 수학적 사고의 힘

속지 않고 살 수 있다

박병하 지음

생각정원

들어가며

수학, 속임수를 만나다

지난겨울 어느 날, '초면이지만 불쑥'으로 시작하는 메일을 받았다. 책을 한 권 집필해보면 어떻겠냐는 제안이었다. 출판사에서 제안한 가제는 '속지 않고 살 수 있다'. 제목과 기획에 끌렸지만 나는 선뜻 나설 수 없었다. '속지 않고 살 수 있다'라는 말. 아주 좋다. 그런데 수학으로 그 이야기를 한다? 그때 내가 알기로는 그런 책은 불가능했다.

수학은 너무나 당연해 보이는 참에서 출발해서, 생각을 확장하고 질문하고 또 엄격하게 따지면서 새로운 참을 확인한다. 그런 참들이 차곡차곡 쌓이며 고도로 정밀하고 복잡해지는 학문이 수학이다. 한번 끝난 증명도 다른 방식으로 다시 증명한다. 그래서 2000년 전에 증명된 참은 변함없이 지금도 참이다. 거기에 속임수가 끼어들 틈이 없다. 게다가 수학은 지독하게 추상적인 세계다. 돌고 돌아서 일상과 맞닿지만 그것은 훈련받은 과학자와 공학자를 통해서 드러나

지, 평범한 독자들이 일상에서 느낄 정도는 아니다. 내가 보기에 수학은 실용을 지향하지도 않는다. 그 덕분에 수학은 다른 무엇이 아니라, 수학이 된 것이다.

반면 속임수는 일상이다. 너무 질서 정연한 학문인 수학을 공부해서 그런지, 나에게는 속임수가 일상에 더 많이 산재해 있는 것 같다. 속임수는 실재를 있는 그대로 두고 보지 못한다. 부풀리고 비틀고 쥐어짜고 감추고 왜곡한다. 있는 그대로의 세계를 추상 차원으로 끌어올려 지독하게 엄격한 방식으로 보는 수학과 있는 그대로의 세계를 어떻게든 끌어내려 뒤트는 속임수라니. 그렇다 보니 속임수와 수학을 함께 불러 마주앉으라 하고 내가 그 둘의 이야기를 받아쓰는 것은 불가능으로 보였다. 게다가 수학책은 아니지만 수학과 관련된 책을 써야 한다는 현실적인 어려움도 또렷하게 느껴졌다. 양다리 걸치기는 가슴 졸이는 재미는 있지만 언젠가 대가를 치러야 한다. 다른 대가라면 어떻게 해보겠는데, 그 대가가 하필이면 내가 쓴 글이 속임수라고 밝혀지는 것이라면 그때는 어떡하나.

그런 생각으로 마음이 하도 팽팽해져서, '나는 못한다' 쪽으로 거의 기울었다. 그러나 세상일이 그렇듯이 시간이 흐르자 내 마음의 팽팽함도 느슨해졌다. 어떤 인연으로 나는 '수학의 인문학'이라는, 어찌 보면 이상한 강좌를 하게 되었는데 그때, '혹시 가능하지 않을까'라는 생각이 들었고, 한 달 더 지나 만물이 겨울잠에서 깨어날 즈음에는 그러한 책이 있을 수도 있겠다는 생각이 찾아왔다.

잘만 하면 수학에 대한 오해를, 즉 세상 사람들이 속고 있는 그것을 조금은 풀 수 있지 않을까? 학교 졸업 후 수학을 놓아버렸지만 가끔 수학이 궁금한 독자들에게 '수학도 재미난 게 있다. 수학이 아닌 것들이 수학과 이렇게 가까이 있구나, 고작 문턱 하나였네?' 그런 생각을 전할 수도 있을 것 같았다. 한 달에 최소 몇 번은 수식을 읽고 쓰며 살아가는 씩씩한 독자들에게는 '수학이 수학 아닌 것과 이렇게 가까이 있었어?'라는 생각이 들도록 만드는 그런 글이 가능하지 않을까? 그런 희망 어린 생각들이 머릿속에서 불꽃놀이를 할 때마다 불안한 긴장은 즐거운 긴장으로 바뀌어갔다. 그러자 그런 책이 꼭 있어야겠다는 생각이 찾아왔고 점점 그 생각은 단단해졌다.

쓰기 시작하니 역시나 고되기는 했다. 어디서 들어봤음직한 단순한 내용만 다루고, 수식은 거의 쓰지 않겠다고 미리 다짐을 했으나 그 기준을 맞춘다는 것이 보통 일이 아니었다. 무엇보다 속임수와 수학이 만나는 접촉면을 찾기가 어려웠다. 돌파구가 필요했다. 그래서 세세한 속임수의 사례 말고도 속임수가 가능한 조건도 생각했다. 그것과 수학 이야기가 맞물리는 지점을 살피고 뭐가 조금이라도 보이면 거기를 노렸다. 자세히 들여다보니 어느 정도 보였다. 읽기에 부담이 없고 여러 주제를 가볍게 만나볼 수 있도록, 따로따로 읽을 수 있는 단편들로 쓰고 싶었다. 어떤 부분은 과장하고 어떤 부분은 축소하고 어떤 부분은 은근슬쩍 넘어가는 면이 없지는 않다. 글이다 보니 그런 것이지 속이려는 의도는 결코 없다.

과연 나는 성공했을까? 일부는 성공했고 일부는 실패했을 것이다. 성공과 실패의 비율 배분은 독자의 몫이다(선처를 부탁합니다). 나는 이 글이 속임수는 아니기만 바랄 따름이다. 욕심은 있다. 성공한 글들이 현명한 독자의 심미안을 밝히는 데 일조한다면 참 좋겠다.

책에 감사의 글을 쓰는 건 항상 난감하다. 누구에게 감사하고 누구에게 감사하지 않다고 할 수 있을까? 많은 분들의 얼굴이 웃는 낯으로 스쳐지나간다. 다 쓸 수 없으니 아예 쓰지 않겠다고 또 다짐했지만, 독자 여러분께 감사하는 마음은 숨겨둘 수 없다. 책을 쓰자 권하고 거친 글을 다듬으며 독자들과 다리를 놓아주신 편집자 강혜진 님께도 감사함을 여기 남기고 싶다. 한번 쓰니 더 생각난다. 내가 한창 글을 쓰던 때는 더위도 한창이었다. 너무 덥거나 글이 막히거나 하면 버스나 열차를 타고 시내든 시외든 돌았다. 들뜬 마음도 가라앉히고 헝클어진 생각도 다듬었을 뿐만 아니라 더위도 식혔다. 막힌 생각이 거기서 자주 뚫렸다. 이 '들어가며'도 부산 도시철도를 타고 시내를 빙빙 돌며 쓰고 있다. 정해진 시간에 정해진 길을 꾸준히 가며 많은 사람들을 안전하게 태우고 내려주는 것은 언제 생각해도 대단하고 멋진 일이다. 공공운수에 종사하는 분들께 감사드린다.

차례

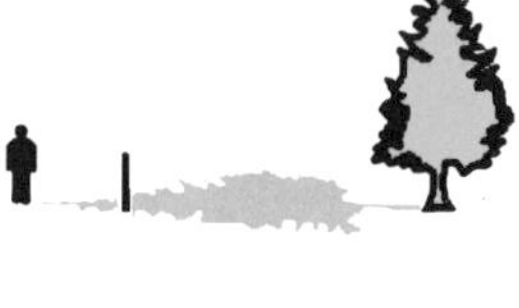

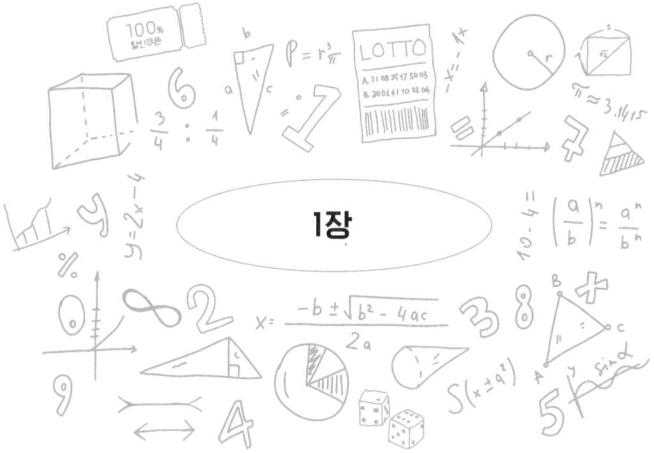

1장

100% 할인이라도 공짜가 아닌 까닭

퍼센트의 속임수

100%
coupon

이 글을 준비하며 제목을 두 가지 생각했다. 하나는 '할인, 받아야 할까'였고 다른 하나는 '깎으면 깎일까'였다. 글의 제목은 깃발 같아서 한번 세우면 글들이 자꾸만 그쪽으로 흘러가는데, 희한하게도 이 글은 달랐다. 내가 어떤 제목을 염두에 두고 쓴 글이 완강하게 자기를 들이미는 다른 문장 쪽으로 가는 것이었다. 그것은 '할인을 당한다'라는 문장이었다. 어떻게 써도 그 문장은 버텼다. 왜 이렇지? 궁금해서 타자를 멈추고 앉아 가만히 있어봤다. 그랬더니 눈앞으로 그림들이 휙휙 지나갔다.

개장 할인, 약정 할인, 마감 할인, 1+1 행사, 가족 묶음 할인에 무려 '폭탄' 세일까지. 메일, 문자, 웹사이트에서 날아오는 광고, 집 대문에 붙어 있는 전단까지. 언제 어디서나 할인 광고가 우리를 치고 들어온다. 아침에 심심풀이로 여행 숙박을 검색했더니 낮에 메일이 왔다. '10% 추가 할인을 이용할 마지막 찬스! 오늘 밤 만료!' 이 글을 쓰기 전에는 눈치를 못 챘는데, 글을 쓰느라 '할인'이라는 낱말에 눈을 고정하니 내가 이렇게 많은 할인 공세에 시달린다는 사실에 눈을 뜨게 되었다. 하루 중 내가 가장 많이 만나는 낱말이 '할인', 내 인생에서 가장 자주 보고 듣는 말이 '할인'이라고 생각하니 서글퍼지기도 했다. 파는 사람들이야 할인 혜택을 받으라고 하지만 이 정도면 우리는 할인을 당하는 것이다.

일상 속의 백분율 알기

할인은 대개 백분율로 표시된다. 백. 분. 율. 또박또박 소리 내어 읽어본다. 왠지 울림부터 묵직하다. 한자로 쓰면 百分率. 글자가 생긴 것부터 힘이 잔뜩 들어갔다. 백분율의 뜻은 이렇다. 어떤 것 전체를 100이라고 했을 때 그것에 대해 차지하는 비율. 써놓으니 꽤 복잡하지만 기호로 쓰면 쉽다. 바로 %다. 만국 공통 기호다. 누구도 이 기호를 피해갈 수 없다. 어디 볼까, 오늘자 뉴스에는 뭐가 있나….

현실에 맞게 GDP를 조정하니 국가 부채율 40% 미만.

전반전에 한국의 볼 점유율 30%밖에 안 됐지만 내실 있는 경기 운영.

야구볼의 탄성 계수를 낮추니 작년 대비 홈런 30% 급감.

그러고 보니 %는 할인에만 쓰이는 게 아니었다. %는 무엇이기에 일상에서 이렇게 많이 나올까? 무엇이 범람하며 몰아치면 그 안에는 우리를 현혹하고 속이는 것들이 꼭 있기 마련이다. 그것들은 우리가 모르는 사이에 우리를 통제하고 관리한다. 통제되고 관리되면 편안하다. 그러나 편안함 속에서 속임수로 유혹당하는 달콤함을 알아내기란 쉽지 않다. 그러나 알게 모르게 우리 안으로 침투해서 속이는 것들에 맞서고 싶다면?

물론, 방어 체계가 필요하다. 그 무기는 '잠깐만요'다. 일단 뭐가 뭔지 잘 모를 때는 '잠깐만요'부터 외치고 한발 물러서서 조목조목 짚고 넘어가야 한다. 할인의 유혹에 대해서는 어디서부터 시작할까? 좋다, %라는 기호에서부터 시작하자. 이 기호 %를 영어로는 퍼센트percent라고 부른다. 이 개념이 퍼지던 500년 전에는 라틴어로 페르 켄툼per centum이라고 하거나 이탈리아어로 페르 첸토percento라고 썼다. 번역하면 '100으로 환산해서' 또는 '100개 중 하나'라는 뜻이다. 예를 들어 1센트가 100개 모여 1달러이니 1달러의 1퍼센트는 1센트다.

퍼센트 개념이 등장했다고 바로 % 기호가 동반한 것은 아니다. 그 시절에는 곱셈의 기호 '×'나 같음을 의미하는 기호 '='도 없었다. 미지수를 나타내는 기호 'x'는 말할 필요도 없다. 그러다가 인류는 1600년이라는 문턱을 넘어간다. 이 시기에는 셰익스피어와 세르반테스와 오페라만 등장한 게 아니다. 수학의 세계에서도 빅뱅이 일어난다. 수학 기호들도 이 시기에 대거 등장했다. 그중에 한글로 '응' 자를 닮은 기호가 있었다. 세월이 한참 흘러 이 기호의 가운데 막대기가 빗금으로 바뀌면서 %가 된다. 처음에 이 기호를 만들어 쓰던 사람들은 400년이 지나 후손들이 이 기호를 이렇게 많이 쓰게 되리라고는 상상도 못했을 것이다.

왜 주어진 수를 100으로 환산해서 보려고 했을까? 그전에 '100으로 환산한다'는 말이 무슨 뜻인지 정확히 짚고 가자. 10을 100으로 환산한다는 것은 10을 100등분한다는 말이다. 따라서 10이 전체일 때 '그것'의 1%는 그 100등분 중 하나의 비율이다. 10의 20%라면 10을 100등분한 다음 그 조각을 20개 모은 정도다. 따라서 %를 구하려면 먼저 '그것'을 100등분해야 한다.

10을 100등분한 한 조각은 0.1이다. 따라서 1%는 0.1이고 20%는 0.1인 조각이 20개니까 2다. 전체가 1,000이고 1,000의 20%가 궁금하다면, 역시 1,000을 100등분부터 해야 한다. 1,000÷100이니 조각 하나는 10이다. 그 조각을 20개 모으면 1,000의 20%가 되고 결과는 200이다. 아하! 전체가 A이면 그것의 20%는 A를 100으로 나누고 20을 곱해주면 되는 것이다. 말로 하니 너무 길다. 그래서 기호가 필요하다. 수식으로 쓰면 간단하다.

$$A \times \frac{1}{100} \times 20$$

이것은 조금 줄여서 아래와 같이 쓸 수 있다.

$$A \times \frac{20}{100}$$

이것을 소수점 표현으로 달리 쓰면 이렇다.

$$A \times 0.2$$

비례식으로 써도 된다. 'A를 100으로 볼 때, x는 20이다'라는 문장을 수학 언어로 통역하면 다음과 같이 표현할 수 있다.

$$A : 100 = x : 20$$

A에서 x가 차지하는 비율이 100에서 20이 차지하는 비율이라고 말할 수도 있다. 그때는 아래와 같은 수식으로 표현된다.

$$A : x = 100 : 20$$

어느 것이든 등식에서 항을 이리 넘기고 저리 넘기면서 풀면 우리가 찾는 x는 결국 다음과 같이 표현할 수 있다.

$$A \times 0.2$$

두세 가지 관점으로 짚어봤는데 엎어치나 메치나 결과는 같다. 좋다. 계산은 그렇다 치자. 그런데 왜 이렇게 복잡하게 할까? 쉽게 10이면 10이고, 200이면 200, 이렇게 개수만 말하면 되지, 왜 주어진 전체량 1,000을 100등분한 다음 그중 20을 모으는 방식으로 정보를 변형할까? 복잡하게 변형하는 수고를 하면 좋은 게 있으니 그럴 텐데, 도대체 그게 뭘까?

상황에 따라 볼 수 있다면

결론으로 쑥 들어가겠다. 퍼센트는 상대적인 가치를 비교하기에 좋다. 그것이 결론이다. 주머니에 1,000원만 있는 사람에게 500원은 큰돈이지만 1만 원을 가진 사람에게 500원은 비중이 작다. 절대량으로 보면 모두 500원이지만 1,000원을 가진 사람에게는 50%나 되고 1만 원을 가진 사람에게는 5%밖에 안 된다.

수익이 1,000억 원인 회사가 50억 원을 연구비로 지출하는 것과, 수익이 100억 원인 작은 회사가 연구에 20억 원을 투자하는 것을 비교해보자. 연구비 총액만 비교하면 큰 회사는 50억 원이고 작은 회사는 20억 원이다. 그러나 정보를 퍼센트로 변형해서 비교하면 큰 회사의 연구비는 수익의 5%이고, 작은 회사의 연구비는 수익의 20%다. 주어진 정보를 절대 총량으로 보느냐, 상대 비율로 보느냐에 따라 느낌이 확 달라진다.

특히 야구가 그렇다. 안타 개수라는 정보보다 타율이라는 정보가 선수를 파악하는 데 훨씬 낫다. 야구 선수 A씨는 안타를 100개 때렸어도 타율은 20%이고, B씨는 안타가 50개지만 타율은 40%라면 누가 더 방망이를 잘 휘두르는 사람인가? 대타를 기용해야 하는 시점에 A씨와 B씨 중 누구를 내보내야 유리할까?

정보량이 많고 비교 항목이 많은 사회일수록 % 기호가 더 많이 쓰일 수밖에 없다. 그렇다고 해서 %로 나타내는 수가 마냥 좋다는 말은 아니다. %는 계산을 통해 여러 수치를 주물럭대서 나온 수치이므로 헷갈린다는 단점이 있다. 한 매장에서는 냉장고를 30% 세일해주는데 카드 제휴를 쓰면 '할인된 가격에서' 다시 20%를 할인해준다. 그리고 다른 매장에서는 카드 제휴 없이 50%를 할인해준다. 이럴 때 할인을 더 받고 싶다면 어디가 유리할까? 언뜻 보면 같아 보이지만 제대로 보려면 약간의 산수가 필요하다. 즉 멈춰 서서 생각해야 하는 것이다.

이런 정도는 계산기를 꺼내면 금방 답을 찾을 수 있다. 이리저리 꼬지 않고 시원스럽게 50%를 할인해주는 곳이 낫다. 냉장고가 100만 원이라 치자. 50% 할인의 경우 100만 원의 100등분인 1만 원 조각이 50개다. 그래서 할인받은 건 50만 원이고, 할인 후 가격도 50만 원이다.

그런데 한 번 30% 할인을 하고 카드 제휴로 20%를 추가 할인하는 경우는 30% 할인으로 70만 원이 되면 거기서 다시 20%를 할인하기 때문에 카드 제휴로 14만 원만 깎인다. 그래서 그 매장에서 냉장고를 사려면 제휴 카드가 있어도 56만 원을 내야 한다. 50% 할인처럼 보였을 뿐, 실제로는 44% 할인이었던 셈이다. 45% 할인보다 못하다. 따라서 옆 매장은 45% 할인이지만 우리 매장은 30% 할인 후에 20%를 추가로 깎아준다고 누군가 광고를 했다면? 그건 일단 멈춰서 생각할 줄 모르는 사람에게 미끼를 던진 낚시질이다.

사실 %를 갖고 이 정도 기술은 약과다. % 표기가 사람들을 헷갈리게 한다는 사실은 뭔가 개입할 틈새가 있다는 말이다. 또한 누군가는 그 틈새를 비집고 들어와 수치를 가지고 장난을 칠 수도 있다는 말이다. 그래서 우리는 % 기호를 만나면 정신을 바짝 차리는 습관을 들여야 한다. 서로가 믿으면서 깨끗하고 반듯하게 살면 얼마나 좋을까 싶지만, 이 세상을 풍진세상으로 만드는 사람은 꼭 있기 마련이니까. 비틀기 기술을 몇 가지 전시할 테니 마저 일독을 권하는 바다.

10의 100%는 10이고 1,000의 100%는 1,000이다. 마찬가지로 10의 300%는 30이고 1,000의 300%는 3,000이다. 즉 A의 300%라고 하면 원래 A의 3배를 뜻한다. '이번 보너스는 월급의 3배다'라고 하는 것보다 '월급의 300%다'라고 하면 사실 결과는 같지만 더 받는 느낌이 든다. 100원짜리 아이스크림의 가격을 50원 인상한다고 하는 것과 50% 인상한다고 하는 것도 다르게 느껴진다. 그래도 이건 어감의 차이일 뿐이다. 우리는 사람이기 때문에 냉정한 이성보다 느낌이 앞서고, 그래서 그것을 이용해 먹는 사람들 중에는 악질도 있다(종종 기자들이 주가를 다룰 때 평소에는 3% 올랐다고 쓰다가 폭락에는 3조 원이 증발했다고 쓴다. 이렇게 취사 선택하는 기사를 보면 그것을 쓴 기자의 눈을 가만히 들여다봐야 한다).

고용률이 10% 떨어졌는데 취업자 수는 10만 명 증가하는 경우를 보자. 실제로 그런 일이 일어날 수도 있다. 취업자 수는 절대량이지만 고용률은 전체 인구 중 취업자 수의 상대적 비율이기 때문이다. 그래서 취업자 수가 늘어난 속도보다 인구 증가 속도가 빠른 경우에 고용률은 떨어질 수 있다. 이럴 때 거두절미하고 취업자 수가 증가했다는 사실만 홍보하는 정부가 있다면, 그 정부는 사악한 정부다. 반대도 가능하다. 취업자 수가 10만 명 감소했는데 고용률이 10% 오른 경우다. 취업자 수가 감소한 속도보다 인구 감소 속도가 빠른 경우에 그렇다. 고용률을 무시하고 감소한 취업자 수만 트집 잡는 언론이 있다면 그 언론은 사악한 언론이다. 두 경우 모두 정보를 취사 선택한 비틀기다. %를 속임수의 지렛대로 쓰는 경우도 있다.

헷갈릴 때 외치세요

사례 1

정가 10만 원인 옷을 100% 할인합니다.

그런 광고를 보고 매장에 들어가니 옷 가격이 5만 원이다.

10만 원의 100%는 10만 원이다. 10만 원에서 10만 원을 할인하니 떨어진 옷값은 0원이다. 말대로라면 공짜로 줘야 한다. 그런데 그들은 강변한다. “할인 후 가격이 5만 원이고 할인된 가격이 5만 원이니까 100% 할인이죠”라고. 그들의 수식은 다음과 같다.

$$\frac{50000}{100} \times 100 = 50000$$

사실 %와 할인의 정의대로 하면 할인액은 다음과 같다.

$$\frac{100000}{100} \times 100 = 100000$$

%에 분자와 분모가 있고 나눗셈과 곱셈 과정에서 복잡하게 변형된다는 사실을 악용했다. 분자를 갖고 장난을 친 유형이다.

사례 상황을 10만 원에 100%라고 했으니 쉽게 드러나는 것이지, 15만 원인 옷을 60% 할인한다고 해서 매장에 들어갔더니 가격이 8만 9,000원이라고 하면 머릿속이 하얗게 된다. 숫자가 복잡해지면 골치가 아프고, 그러면 자신도 모르게 상대방의 말을 믿고 싶어지고, 결국 '60% 할인이라니 정말 싸다'라며 지갑을 열게 된다. 나쁜 장사꾼이나 전문 사기꾼만 이렇게 하는 것도 아니다.

90년대에 정부가 국민을 속인 일도 있었다. 고속도로 통행료를 인상하면서 정확하게 계산하면 인상률이 33%였는데 분자와 분모 부분에 장난을 친 다음 25% 인상이라고 한 것이다. 정부 관료가 이럴 정도이니 돈 버는 것이 인생의 목적인 개인이야 더 말할 필요도 없다.

사례 2

주가가 10% 오른 지 얼마 지나지 않아

10% 떨어져 원래대로 돌아왔습니다.

아무 생각 없이 보면 그럴듯하다. 그러나 '잠깐만요' 전략을 펼치며 냉정하게 계산을 해보자. 내가 가진 주식 1억 원어치가 오늘 10% 올랐다. 이제 내 주식의 가치는 1억 1,000만 원이다. 아주 좋다. 올랐을 때 팔고 나왔으면 좋았을 텐데, 계속 오를 것을 기대하고 그대로 뒀다. 그런데 그다음 날 10%가 떨어졌다. 1억 1,000만 원에서 10%가 빠져나가 주식의 가치가 1,100만 원 내려간 것이다. 결국 이틀 사이에 100만 원을 잃은 것이다. 원래 가치로 돌아온 게 아니라 1억 원의 1%을 잃은 것이다. 반대로 1억 원에서 10% 내려갔다가 거기서 10% 오르면 어떻게 될까? 내릴 때 9,000만 원이 되었다가 올라서 9,900만 원이 된다. 여전히 1억 원의 1%인 100만 원을 잃었다. 임금이 10% 내려갔다가 10% 오르거나 10% 올랐다가 10% 내린다면, 두 경우 모두 임금이 내려간 것이다.

주식만 그런 게 아니다. 진열장에 멋진 신발이 있고 30% 할인이라고 적혀 있다. 그런데 들어가서 물어보면 대체로 내 치수는 없는 경우가 잦다. 사실 나만 몰라서 그렇지, 애초에 그것은 설정이었다. 따져보면 이건 미끼를 던져 낚는 기술보다 악질이다. 사례 1의 낚시 전략은 그래도 물건은 있지만, 이 경우는 원래 없는 물건을 있는 것처럼 속인 것이다. 그러면 속임수임을 깨닫고 당장 매장을 떠나야 하지만 우리는 사람인지라 그게 잘 안 된다.

자, 이제 시작된다. 주인이 다가온다. 그리고 안타까움을 표시한다. '진열장의 그 신발은 그 치수가 다 나갔어요. 어쩌죠? 하지만 다른 신발이 있습니다. 같은 라인이에요. 신상이죠. 한번 신어보세요. 와, 어울리네요. 멋져요. 그런데 이건 신제품이라, 할인이 안 됩니다. 인기 상품이라 이것도 곧 품절될 예정입니다.' 이런 사례를 경험해보지 않은 사람은 없을 것이다. 심리학자들이 연구한 바에 따르면, 네 명 중에 한 명은 다른 신발을 산다.

대형 마트의 할인 상품 전단도 그렇다. 마트에 진열된 수만 종의 상품 중 할인되는 것은 수십 종에 불과한데 미끼에 낚이면 나도 모르게 카트에 담는다. 장바구니였다면 공간이 좁아서 더 넣지 못했을 수도 있지만, 카트는 다르다. 카트는 충분히 크기 때문에 꼭 필요한 것만 담아서는 허전하다. 그래서 상품의 현란함에 정신을 뺏긴 채 마트를 빙빙 돌며 이것도 담고 저것도 담는다. 이럴 때도 '잠깐만요'를 외쳐야 한다. 필요한 것만 카트에 담고 떠나라. 안 그러면 할인당한다.

할인 폭탄의 순간에 처음부터 '잠깐만요, 생각 좀 해봅시다'라며 끊어내는 것도 평소에 연습이 필요하다. 권투 훈련 가운데 샌드백을 치는 훈련만 있는 게 아니라 복근 강화 훈련도 있듯이 나도 모르는 할인에 당하기 전에 피할 수 있도록 연습을 해야 한다. 바로 사용할 수 있는 즉효 방법이 있고, 평소에 맷집을 키우는 방법이 있다. 즉효 방법은 '잠깐만요'라고 외치며 생각할 시간을 갖는 것이고, 평소에 맷집을 키우는 방법은 이성의 강화다. 이성이라는 차가운 빛을 할인이라는 환상에 비춰 그게 신기루였다는 사실을 깨닫는 것 말이다. 이성 하면 뭐니뭐니 해도 수학이다. 수학은 이성 강화에 참 좋은 훈련이다. 지금까지 우리는 %로 산수를 했고 이제 수학을 해보겠다. 이성 강화 훈련이라 받아들이고 집중해주시기 바란다.

수학은 계산을 딛고 가다가 상상을 하며 비약한다. 상상이긴 하지만 차가운 이성이 동반된다는 게 수학적 상상의 독특한 점이다. 이자 문제로 상상을 가미하겠다. 할인은 소비를 촉진하는 행위라면 이자는 소비를 유보하는 행위이니 둘은 경제적 관점에서는 반대이지만, 수학적 관점에서는 비슷하고 그래서 쓰는 수학도 비슷하다.

통 크게 1억 원을 항아리에 넣었다. 하루 뒤에 항아리를 열었더니 신통하게도 1억 하고도 1,000만 원이 더 들어 있다. 10% 이자가 붙어 1억 1,000만 원이 된 것이다. 그 돈을 그대로 두고 뚜껑을 닫았다. 다시 하루가 지나 뚜껑을 여니 10%가 또 붙었다. 그 결과 1억 1,000만의 10%인 1,100만 원이 늘었다. 처음에 1억 원을 넣었는데 이틀 만에 1억 2,100만 원으로 불어난 것이다! 이틀 동안 한 일이라고는 뚜껑을 두 번 열어본 것뿐인데 이자만 2,100만 원이다. 참 좋은 항아리다.

이 항아리가 계속 이렇게 마술을 부린다고 상상하자. 사흘째 열면 어떻게 될까? 1억 2,100만 원이 있었고 거기에 10% 이자가 붙으니 1,000만 원 하고도, 200만 원 하고도 10만 원이 또 붙는다. 차곡차곡 잘도 붙어서 모두 1억 3,310만 원이 된다. 이렇게 말로 하니 재미가 없는데 숫자로 쓰면 예쁜 모양이 드러난다.

첫날 ------ 100,000,000

1일 후 ------ 110,000,000

2일 후 ------ 121,000,000

3일 후 ------ 133,100,000

혹시 규칙이? 뭐가 있어 보인다. 변하는 부분에 초점을 맞추기 위해 0을 빼고 써보겠다.

1

1 1

1 2 1

1 3 3 1

이런 규칙이 계속되면 그다음은 무얼까? 규칙을 찾으셨는지? 답은 14641이다. 따라서 4일째는 1억 4,641만 원이 된다. 이자가 푹푹 쌓여가는 것이다. 다만 이 황금알을 낳는 항아리의 수명은 10일이다. 10일이 지나면 더 이상 이자를 생성하지 않는다. 10일 후 항아리 안에는 얼마나 있을까?

많이 있겠지 뭐. 원금에 계속 이자가 붙고, 불어난 이자에도 계속 이자가 붙고, 그래서 생긴 이자에도 또 이자가 붙으니까, 많을 거야. 그 답도 좋다. 그런데 더 정밀한 답을 내려고 애쓸 때 이성이 활발하게 꿈틀하니 질문을 바꿔보겠다. 자, 당신에게 거래를 제안한다.

당신이 나에게 2억 원을 주면 나는 당신에게 1억 원이 담긴 항아리를 주겠다. 거래를 하겠는가?

속임수에서 탈출하기 위한 구명보트

물론 이 거래는 당신에게 유리하다. 원금 1억 원만 생각해도 된다. 10%씩 이자가 10번 붙으면 원금만큼의 이자가 붙는 것이다. 즉 이것만 해도 이미 2억 원이다. 거기에 또 이자에 이자가 붙지 않나. 이런 거래는 웬 떡이냐 하고 받아들여야 한다. 그래도 수학 물 좀 먹었다는 내가 이처럼 뻔하게 불리한 제안을 했다니 무참하다. 제안을 바꾸겠다. 이제 제안 금액은 2억 원이 아니라 3억 원이다. 당신이 나에게 원금의 3배인 3억 원을 주면 나는 당신에게 1억 원이 든 마술 항아리를 건네겠다. 거래를 하겠는가?

3억 원은 왠지 너무 많아 보이는데? 2억 5,000만 원 정도로 역제안을 해볼까? 그렇게 생각을 시작했다면 이미 좋은 신호다. 대신 정밀하게 생각해야 손해를 안 본다. 정밀하게 따지려면 계산이 필요하다. 일단 원금과 원금에 붙는 이자만 해도 2억은 넘는다. 그리고 첫날 붙는 이자 1,000만 원에 10%씩 남은 9일 동안 이자가 붙는다. 그 이자만 해도 900만 원이고, 그래서 2억 말고도 1,900만 원이 추가로 붙는다. 그리고 여러분이 생각하는 동안 나는 잽싸게 계산기를 두드렸다. 그랬더니 결과는 이렇다. 당신이 2억 5,000만 원을 주고 항아리를 가져가겠다고 제안하면 나는 거부한다. 내가 1,000만 원 쯤 손해니까.Tip1 항아리 속에 담긴 비밀 참조

상상을 더 밀어붙이겠다. 원금은 같다. 그런데 알고 보니 당신에게도 항아리가 하나 있다. 그 항아리도 신통방통해서 원금 1억 원을 넣고 하루 뒤에 보니 100만 원이 늘었다. 하루에 1% 이자가 붙은 것이다. 그다음 날은 1억 100만 원에 또 1% 이자가 붙는다. 겨우 1%야? 대신 당신의 항아리는 수명이 길어서 무려 100일이나 이자가 붙는다. 나의 제안은 이것이다. 당신의 항아리와 내 항아리를 바꿉시다.

상상인데 뭐 어떤가? 다른 항아리도 상상해보자. 하루에 0.1% 이자를 붙여주되, 1000일 동안 같은 조건을 지속하는 항아리다. 셋 중 어느 쪽이 나을까? 물론 시간 할인은 없다고 가정한다. 시간 할인이란 같은 금액이라도 나중에 받으면 더 작게 보는 경향을 말한다. 유한한 삶을 사는 인간이니 시간 할인은 당연히 고려할 사항이지만 지금 우리는 할인 폭탄에 맞서기 위해 맷집을 키우는 기초 훈련을 하는 중이니 시간 할인 요소 같은 고난도 훈련은 훗날을 기약하자. 다시 항아리들 이야기로 돌아와서 결과만 보자면 이렇다. 이자가 10%인데 10일만 가는 항아리보다 이자가 1%인데 100일 가는 항아리가 낫고, 그것보다 이자가 0.1%로 줄지만 수명이 1000일 가는 항아리가 낫다.

이자가 붙는 기간이 10일일 때 붙는 이자는 10%다. 100일일 때 1%, 1000일일 때 0.1%다. 이자가 한 번에 많이 붙으면 이자 붙는 기

간이 짧아지는 구조다. 짧고 굵은 것과 길고 가는 것, 둘 중 하나를 선택해야 한다면 어느 쪽을 선택하느냐, 이 문제였는데 올바로 선택을 하려면 구조를 봐야 하고 구조를 보려면 수식으로 번역하는 게 좋다.

$$\left(1+\frac{1}{10}\right)^{10},\ \left(1+\frac{1}{100}\right)^{100},\ \left(1+\frac{1}{1000}\right)^{1000}$$

깔끔하다. 생각할 것만 남기고 다른 것은 제거했으니 집중할 수 있게 되었다. 여기서 $\frac{1}{10}$은 이자 10%, $\frac{1}{100}$은 1%, $\frac{1}{1000}$은 0.1%를 의미한다. 괄호 바깥 지수 부분에 있는 수는 10일 뒤, 100일 뒤, 1000일 뒤라고 보면 된다. 원금 1억 원에 이 수를 곱하면 그게 10일 뒤, 100일 뒤, 1000일 뒤의 합계다. 계산기를 눌러보니 저 수들은 차례대로, 2.5937⋯, 2.7048⋯, 2.7169⋯이고, 그래서 첫 번째 항아리는 2억 5,937만 원 어쩌고가 된다. 결국 날짜가 길수록 액수가 커지는 것이다. 이자 기간의 증가라는 양의 요소가 이자 비율의 감소라는 음의 요소보다 커서 총액을 증가시킨다.

여기까지도 슬슬 머리에 쥐가 나지만, 마지막 한 발을 떼지 않을 수 없다. 이제 진짜가 나타난다. 긴장하시라. 마지막 질문이다. 같은 규칙으로 시간을 '무한히' 늘리면 어떻게 될까? 이 구조대로라면 이자율은 무한히 작아질 텐데, '무한의 시간이 완전히 흐른 뒤' 항아리 안에 돈은 얼마나 있을까? 양의 요소인 이자 기간이 '무한히' 증가했으니 점점 커지겠지? '그래서' 무한히 큰 수겠지? 엄청나게 큰 수일 거야.

그런 생각이 불쑥 든다면 그 생각은 우리를 속인 것이다. 속은 이유는 고려할 것을 모두 고려하지 않았기 때문이다. 말로 하면 잘 안 드러나니 수식으로 쓰겠다. 원금에 얼마나 이자가 붙는지를 계산하기 위한 수식은 대충 이렇다.

$$\left(1+\frac{1}{\infty}\right)^{\infty}$$

이자를 증가시키는 지수 부분이 무한히 커지기는 했지만 이자 부분 역시 무한히 작아진다. 이자 기간이 늘어나면서 이자를 늘리지만 이자 비율이 줄면서 이자를 늘리는 요인을 끌어내린다. 이 둘의 힘이 팽팽하다. 처음에 10에서 100으로 갈 때만 해도 양의 요소가 압도해 2.5937…에서 2.7048…로 약 0.1 정도가 늘었다. 그러나 100에서 1,000으로 갈 때는 0.01 정도가 증가한다. 늘어나긴 했지만 느는 정도가 줄었다. 이 두 힘은 수가 1,000에서 1만, 1만에서 10만으로 갈수록 절묘하게 균형을 이뤄간다.

결국 기간이 길어지는 항아리일수록 돈이 많이 담기지만 아무리 날짜가 길어져도 3억은 넘을 수 없다. 당신이 3억을 준다면 나는 기꺼이 저 무한 항아리를 당신에게 주겠다. $\left(1+\frac{1}{\infty}\right)^{\infty}$가 3보다 작으니까. 사실 2.72보다도 작다. 정확히 쓰면 소수점 아래로 매우 복잡하게 전개되는 수다. 조금만 써보면 아래와 같다.

2.718281828459045235360287471352662497757 2…

이 수는 소수점 아래로 복잡하게 전개되는 무리수이고 그중에서 특별히 복잡해서 '초월수'라고 불린다. 이 수는 수학에서 매우, 매우, 매우 중요하다. 외우기가 어려워 세계 암기력대회에서 쓰이기도 하는 원주율 3.1415926535897932384626433832795028841971… 또한 매우 복잡하게 전개되는 초월수이며 매우, 매우, 매우 중요해서 π라는 특별 기호가 있듯이 이 수도 특별 기호가 있으니 바로 e다. 2000살도 넘는 π보다 훨씬 젊어서 나이가 약 400살 정도인데, 수학계에서 전통적인 절대 강자 π의 지위를 위협하는 수로 성장했다.

이 수가 없으면 수학의 세계 전체가 휘청거린다. 그렇게 대단한 수가 고작 %에서 상상을 조금 보태 탄생하다니 글을 쓰고 있는 나도 잘 믿기지 않는다. 어쩔 수 없다. 그게 수학이고 상상의 힘이니까. 게다가 그게 전부가 아니다. 이 e는 "도대체 소개팅을 몇 번이나 해야 하는 거야?"라는 질문을 여는 열쇠이기도 하다. 보면서도 믿기지 않는 게 또 나오는 것이다. 말을 하는 나도 벅차다. 숨을 좀 고르고 이어가야겠다. 할인에서 e라는 외계인까지 만났다. 할인이 없었더라면 그럴 일도 없었을 텐데. 할인을 당하지 않기 위해 이 고생을 하다니…. 정말로 우리, 할인당하지 말고 살아야겠다!

Tip1 항아리 속에 담긴 비밀

원금이 A라고 하자. 여기에 이자 10%가 붙는다. 이자가 1회 지급된 후에 총 금액은 얼마일까? 원금 A는 그대로 있고 여기에 이자 10%가 붙는다. 즉 이자는 A × 10%다. 다르게 쓰면 A × 0.1 또는 $A \times \frac{1}{10}$ 이다. 우리는 분수 기호로 써보겠다. 그래서 1회 이자 지급이 끝난 뒤의 금액을 기호로 나타내면 다음과 같다.

$$A + \left(A \times \frac{1}{10}\right)$$

원금　원금에 붙은 이자

기호를 더 간단하게 줄여보자.

$$A \times \left(1 + \frac{1}{10}\right)$$

이것을 새로운 원금이라고 보면 된다. 그래서 추가로 이자가 지급되면 이것을 원금으로 갖고 여기에 또 이자 10%가 붙는다. 그래서 2회 이자가 지급된 시점에 가진 금액은 다음과 같다.

$$\left[A \times \left(1 + \frac{1}{10}\right)\right] + \left[A \times \left(1 + \frac{1}{10}\right)\right] \times \frac{1}{10}$$

새 원금　새 원금에 붙은 이자

꽤 복잡해 보이지만, 같은 부분을 묶어 정리하자.

$$\left[A \times \left(1 + \frac{1}{10}\right)\right] \times \left(1 + \frac{1}{10}\right)$$

더 줄이면 식이 깔끔하게 나온다.

$$A \times \left(1 + \frac{1}{10}\right)^2$$

이것이 새로운 원금이다. 이제 한 번 더 이자가 지급되어 총 3회 이자가 지급되면,

$$A \times \left(1 + \frac{1}{10}\right)^3$$

이자가 총 10회 지급된 이후의 금액은,

$$A \times \left(1 + \frac{1}{10}\right)^{10}$$

그래서 우리는 $\left(1 + \frac{1}{10}\right)^{10}$ 부분을 계산할 줄 알면 총 금액이 얼마인지 쉽게 알 수 있다. $\left(1 + \frac{1}{10}\right)^{10}$은 $(a+b)^{10}$ 꼴이다. 이런 구조에는 묘한 규칙성이 있다. 먼저, 몇 단계를 실제로 곱하면서 정리해보자.

$$(a+b)^1 = a^1 + b^1$$
$$(a+b)^2 = a^2 + 2a^1b^1 + b^2$$
$$(a+b)^3 = a^3 + 3a^2b^1 + 3a^1b^2 + b^3$$
$$(a+b)^4 = a^4 + 4a^3b^1 + 6a^2b^2 + 4a^1b^3 + b^4$$

잘 보자. 가령 $(a+b)^3$의 경우 각각의 항에서 지수 부분만 차례대로 쓰면 3, 2+1, 1+2, 3이고 모두 더해서 3이다. $(a+b)^4$의 경우는 4, 3+1, 2+2, 1+3, 4다.

지수 부분은 잠시 놔두고, 문자 앞에 있는 숫자만 잘 보자.

$$\begin{array}{l} 1\ 1 \\ 1\ 2\ 1 \\ 1\ 3\ 3\ 1 \\ 1\ 4\ 6\ 4\ 1 \end{array}$$

a^4는 $1\times a^4$라고 보고 b^4도 $1\times b^4$로 보아서 처음과 끝에 숫자 1이 붙었다. 규칙성이 보이시는지? 윗줄의 2개씩 쌍으로 더해서 내리면 아래에 있는 수가 된다!

$$\begin{array}{l} 1\ 1 \\ 1\ 2\ 1 \\ 1\ 3\ 3\ 1 \\ 1\ 4\ 6\ 4\ 1 \end{array}$$

왜 그런지, 그럴 수밖에 없는 이유는 무엇인지 여기서 밝히지는 않겠지만 $(a+b)^4$가 아니라 $(a+b)^{100}$도 그렇고, 100이 아니라 아무리 큰 수라도 계속 그렇게 된다. 수가 점으로 보이도록 물러서서 보면 삼각형 모양이다. 이런 삼각형을 '파스칼 Blaise Pascal의 삼각형'이라고 부른다. 문장가이자 철학자이자 수학자인 파스칼의 이름이 붙었다. 사실 이런 규칙은 옛날 옛날에 중국이나 다른 문명 사회에서도 알았고 많이 사용됐지만, 이 삼각형 안에 숨겨진 놀라운 성질들을 찾아낸 사람이 파스칼이었기 때문이다.

이것을 10회까지 계속해서 숫자만 보면 다음과 같다.

1 10 45 120 210 252 210 120 45 10 1

이제 지수의 패턴까지 결합하면 이렇게 된다.

$$(a+b)^{10}=$$
$$a^{10}+10a^{9}b^{1}+45a^{8}b^{2}+120a^{7}b^{3}+\cdots+120a^{3}b^{7}+45a^{2}b^{8}+10a^{1}b^{9}+b^{10}$$

우리의 이자 문제는 여기서 a가 1이고 b가 $\frac{1}{10}$ 인 경우다. 따라서 $\left(1+\frac{1}{10}\right)^{10}$ 을 풀어보자.

$$1+10\times\frac{1}{10}+45\times\left(\frac{1}{10}\right)^{2}+120\times\left(\frac{1}{10}\right)^{3}+\cdots$$
$$+120\times\left(\frac{1}{10}\right)^{7}+45\times\left(\frac{1}{10}\right)^{8}+10\times\left(\frac{1}{10}\right)^{9}+\left(\frac{1}{10}\right)^{10}$$

더 간단히 하면 이렇다.

$$1+1+0.45+0.12+\cdots+0.000012+0.00000045+0.00000001+0.0000000001$$

원금 A가 1억이므로 계산하면, 1억 + 1억 + 4,500만 + 1,200만 + … + 1원 + 0.01원이어서, 1억 원에 10%의 이자가 10번 쌓이고 또 쌓이면 결국 2억 5,937만 4,246원 하고도 0.01원이 된다. 3억 원보다 4,000만 원쯤 적고 2억 5,000만 원보다는 1,000만 원쯤 많은 금액이다.

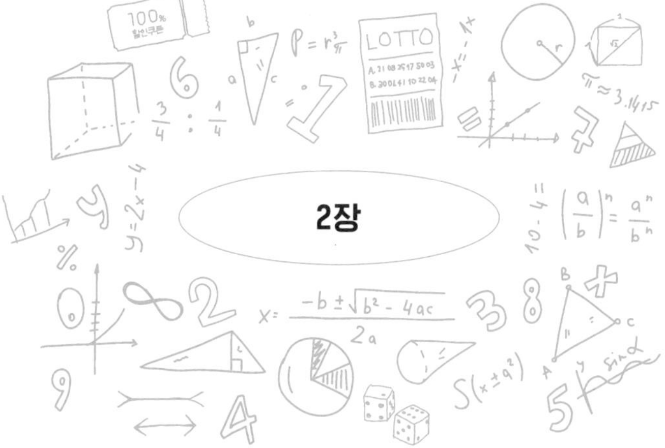

2장

소개팅은 얼마나 해야 할까

인연을 만나기 위한 '최적 중지 전략'

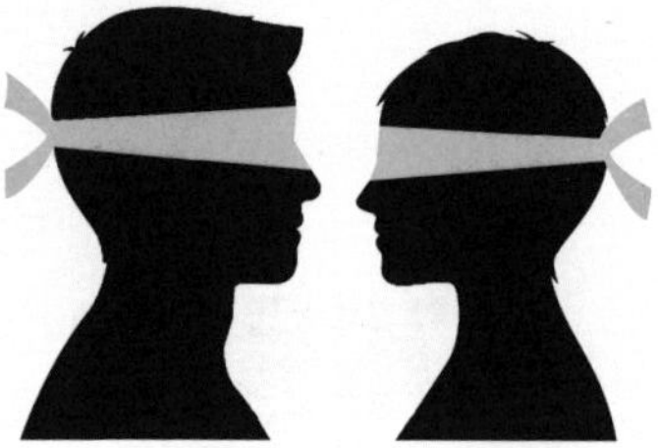

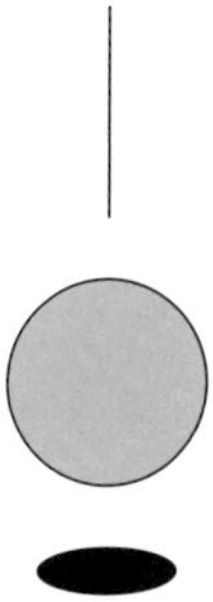

케플러Johannes Kepler는 밤에는 하늘을 보았고 낮에는 수를 보았다. 그러면서 깨달았다. 별은 지구를 중심으로 회전하지 않는다. 구시대의 이론은 폐기해야 한다. 지구도 별이며 태양을 중심으로 회전한다는 새로운 이론이 옳다. 그는 계산을 끝낸 수와 증명을 끝낸 도형들을 증거로 속속 제시했다. 그 여정에서 케플러는 전인미답의 길을 개척한다. 별은 원 운동을 하지 않는다! 그 이전까지 하늘을 보았던 사람은 누구나, 그가 지동설을 지지하건 천동설을 지지하건, 별의 운동 궤적은 원이라고 알았고 또, 이를 공리처럼 받아들였다. 왜냐하면 원은 완전한 곡선이니까. 하느님은 완전하시고 따라서 하늘의 존재들은 완전한 형태여야 하니까.

거기에 대고 케플러는 말한다. 그게 아니다. 내가 엄청난 자료를 붙들고 씨름하며 계산에 계산을 거듭했다. 원 운동이라면 말이 안 된다. 화성의 운동은 원에서 약간 찌그러진 곡선 형태다. 케플러의

3대 행성 운동 법칙 중 첫 번째 법칙이라고 하는 그 법칙이다. 행성은 태양 주위를 타원 운동한다! 천동설에서 지동설로 바뀌는 것만큼 충격적인 주장이었다. 그 원인을 밝히고 수학으로 증명하기 위하여 뉴턴Isaac Newton은 인류의 고전 《자연철학의 수학적 원리Philosophiae Naturalis Principia Mathematica》를 쓰고 만유 인력의 법칙까지 나아가 고전 역학을 정립하기에 이른다.

케플러의 발견 이후 별에 대한 담론은 완전히 새로운 지평에서 새롭게 시작되어야 했다. 케플러도 그 의미를 분명히 알았다. 그래서 별의 타원 운동을 밝힌 책의 제목도 《새로운 천문학Astronomia nova》이었다. 1609년의 일이었다. 이로써 그는 유럽 최고의 수학자로 등극했다. 그러나 그의 삶은 순탄하지 않았다. 도저히 순탄할 수 없었다. 유럽을 쑥대밭으로 만들 30년 전쟁의 먹구름이 몰려왔다. 기독교가 둘로 갈려 살벌한 시기에 케플러는 탄압을 무릅쓰고 신교를 지지했고, 어머니는 마녀 재판에 회부되었고, 아내와 자식은 전염병으로 죽었다. 그 와중에 그는 어머니를 옹호하는 변호사이자, 별들의 운동을 연구하는 천문학자이자, 황제의 별점을 치는 점성가였다. 뿐만 아니라 눈송이의 대칭 구조를 연구하는 '현대' 수학자이자, 달에 사는 사람들을 상상하는 SF 소설 작가였다.

케플러에게도 문제였던 맞선

또한 그는 첫 부인과 사별한 후, 새 신부를 찾아 헤매는, 마흔을 막 넘긴 홀아비였다. 2년 동안 그는 신붓감을 11명 만났다. 이 결혼은 수학의 역사에서 가장 중요한 결혼이다. 케플러는 결혼식 피로연에 쓸 포도주통의 부피를 제대로 측정하고 싶었다. 그래서 생각했고 계산했다. 이 연구는 미적분학이라는 막강한 수학의 탄생을 예고했다. 그것만 해도 최고 감사패를 받을 만하다. 그런데 하나 더 있다. 그는 2년간 11번이나 맞선을 보면서 수학 문제를 풀듯 꼼꼼하게 따지며 신붓감을 골랐다. 그러면서 궁금해했다. 여러 후보를 만나야 하는 상황에서 몇 명이나 만나보고 판단하는 것이 최적의 선택일까? 이로써 케플러는 '맞선 문제'의 선조가 된다.

케플러는 일상의 문제를 수학으로 가져가는 데 귀재였다. 가령 '케플러 추측'은 상자 안에 오렌지나 대포알 같은 구형 물체를 가장 많이 담으려면 어떻게 쌓아야 할까를 고민한 것이었다. 또한 케플러는 석류알 하나하나가 12면체로 껍질 안에 꽉 차 있다는 데에 착안해서 최적 쌓기 문제의 해답을 추측했다. 그러나 똑 떨어지는 증명은 나오지 않았다. 수학자들은 이 고난도 수수께끼에 400년 동안 매달렸고 21세기 문턱에 들어서야 해결되었다. 그에 비해 맞선 문제는 바통을 이어받은 후속 주자 없이 잊혔다. 케플러도 맞선 문제까지는 수학으로 완전히 가져오지 못했다. 어떤 천재도 시대라는 중력에서 자유롭지 못하다는 증거랄까?

얼마나 만나야 할까

맞선 문제를 우리 시대의 중력장에서 만나보자. 소개팅을 하는 김씨가 있다. 그는 여러 사람을 만나보고 마음에 드는 사람을 고르려고 한다. 몇 명이나 만나면 좋을까? 흠, 이 정도로 질문을 하고 찻잔을 앞에 놓고 대화를 시작한다면, 얼마든지 말꼬리를 붙들 수 있다. 그러나 그 대화의 초점은 '몇 명'이 아닐 것이다. "몇 명이나 만나면 좋을까?"라며 대화를 시작했지만 대화의 끝은 결국 "우리 무슨 이야기 하다 여기까지 왔지?"일 것이다. 처음부터 옳고 그름을 가를 만한 질문이 아니었기 때문이다. 정말로 '몇 명'에 관심이 있다면 질문을 재설정해야 한다.

답을 할 수 있는 질문으로 바꿔보자. 우리의 김씨는 30명까지 만날 수 있다. 한 명씩 차례차례 만나갈 것이다. 김씨는 우리의 주인공이니 특혜를 주겠다. 김씨가 좋다고 하면 상대도 무조건 김씨를 좋아한다. 절대신공의 특혜다. 그러나 특혜만 가지면 재미없으니 감점 요인도 넣자. 김씨가 만나고 선택하지 않은 사람은 절대로 김씨를 선택하지 않는다. 즉 A를 만나 그를 선택하지 않고 다음 사람으로 넘어가면 김씨가 나중에 후회하고 돌아와 아무리 싹싹 빌어도 A는 콧방귀만 뀔 거라는 말이다. 사람이란 자존심이 있어야 하는 법이니까. 또 하나, 김씨는 그 30명 중에서 반드시 한 명을 선택해야 한다.

이제 답할 수 있는 문제로 재설정되었다. 김씨는 만만치 않은 게

임에 들어선 것이다. 상상해보자. 첫 번째 사람을 만났다. 괜찮긴 했지만 '아직 29명이나 더 있어, 더 좋은 사람이 있을 거야' 하고 넘어갔다고 치자. 그런데 나머지 29명을 만나니 다들 그 첫 번째 사람보다 못할 수 있다. 반대로 29명까지 봤지만 아직 괜찮은 사람이 나타나지 않아 선택하지 않았다고 치자. 그러면 무조건 30번째 사람을 선택해야 한다. 그게 게임의 규칙이었으니까. 30번째 사람이 가장 좋은 사람이라는 보장은 없다. 첫 번째 사람만 만나고 선택하기에는 더 좋은 사람을 만날 기회를 너무 일찍 포기하는 것 같고, 29명까지 거부하기에는 너무 늦게 포기하는 것 같다. 중간 어디쯤에서 선택하는 게 가장 좋을 것 같다.

문제에 어느 정도 각을 잡으면서 꽤 그럴싸해졌다. 남은 건 그럴싸하게 푸는 것. 그전에 이 문제 자체가 얼마나 괜찮은지 살펴보자. 김씨니 소개팅이니 30명이니 하는 건 수학적 관점에서는 중요한 문제가 아니다. 맞선 문제는 공석인 비서를 한 명 뽑는 경우에도 적용된다. 아, 물론 우리가 사는 사회는 채용하는 쪽이 과도하게 권력을 갖고 있어서 지원자들을 다 보고 선택하지만, 우리가 상상하는 이 세상은 저쪽이 자존심을 세우면 이쪽도 자존심을 세우는 평등한 세상이라고 가정한다.

게임 하나를 생각해볼 수도 있다. 카드가 30장 있다. 카드에는 모두 다른 금액이 쓰여 있고 나는 무엇이 쓰여 있는지 볼 수 없다. 이제 한 장씩 카드를 고르고 숫자를 본다. 그다음 그 카드를 포기하고 다음 카드를 볼 수 있다. 대신 한번 버린 카드를 나중에 다시 선택할 수는 없다. 높은 수를 선택하는 게 목표라면 나는 카드를 몇 장이나 보면 좋을까? 역시 너무 일찍 선택하는 것도 너무 늦게 선택하는 것도 불리하다.

집을 장만하는 사람도 맞선 문제에 처한 사람일 수 있고 경매를 하는 사람도 그렇다. 이렇듯 이 문제는 여러 방면에 응용되고 그래서 '맞선 문제', '결혼 지참금 문제', '비서 채용 문제', 아주 딱딱하게는 '최적 중지 전략 문제'라고도 불린다. 어떻게 불리건 최적 전략만 찾는다면 이 문제와 비슷한 모든 상황에 적용될 수 있다는 것이 중요하다. 가정이 빡빡하긴 하다. 그건 문제에 각을 잡기 위해서지 현실을 거기에 끼워 넣겠다는 불순한 의도 때문이 아니다. 일단 그렇게 각을 잘 잡아서 풀 수 있는 문제로 만들어 풀이를 찾아낸 다음, 현실에 더 맞게 문제의 조건을 조정하면서 바뀐 조건에 따라 풀이도 조정하면 된다.

짝을 만나기 위한 확률

이제 이 문제를 수학적 관점에서 어떻게 다루는지 엿볼 때가 되었다. 확률의 관점으로 한번 생각해보겠다. 김씨가 30명 중 처음 한 명을 만나고 바로 선택을 했다면 어떨까? 수학적 관점이 아니라면 김씨의 선택을 두고 무수히 많은 뒷이야기를 만들어낼 수 있겠으나 수학의 관점이라면, 특히 확률의 관점이라면 최적 선택을 했을 확률은 $\frac{1}{30}$ 이라고 말하게 된다. 30명 중 앞뒤 안 보고 한 명을 골랐으니까. 앞서 29명을 보고 이미 포기한 경우라면? 마찬가지로 확률은 $\frac{1}{30}$이다. 앞뒤 다 재긴 했지만 이제 선택은 하나뿐이니까.

그렇게 극단적인 경우는 그럭저럭 생각할 수 있지만 다른 경우는 갑자기 복잡해진다. 예를 들어 10명까지 보고는 그들보다 나은 사람이 나오면 바로 거기서 멈춘다고 하자. 그 상황에서 그 사람이 최적 선택을 했을 확률은 얼마나 될까? 확률 언어에 꽤 익숙해져야 오류 없이 생각을 전개할 수 있으니 더 깊이 들어가지는 않겠다. 특별히 수학자가 맞선을 많이 보는 것은 아닐 테지만, 다행히 맞선 문제를 고민한 수학자들이 꽤 되었고 그들은 공통된 답을 내놓았다. 말로 하는 것보다 그림으로 보는 게 낫겠다. 이 그림에 해답이 있다.

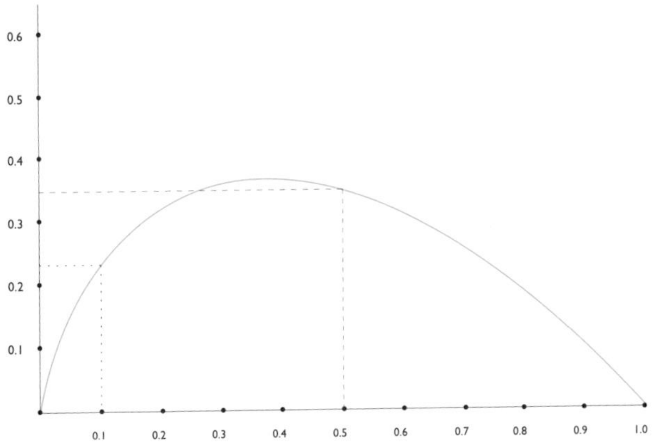

수평 축은 만난 사람 수에 대한 정보다. 가능한 인원은 100명일 수도 있고 1만 명일 수도 있으니 전체 인원 중 비율로 나타냈다. 만날 수 있는 전체 인원이 100명이라고 가정하면, 이 그림에서 수평 축에 있는 0.1이 가리키는 것은 10명이다. 수직 축은 선택이 최적일 확률을 나타내는 정보이고 곡선은 최적 확률이다. 예를 들어 만나보기만 하는 사람을 전체의 0.1인 10명에서 중지하고 11명째부터는 선택하기 위해 만날 때 그렇게 해서 고른 상대가 전체 100명 중 정말 최적일 확률은, 0.2 또는 20%가 조금 넘는다.

날카로운 독자라면 당장 의심할 법하다. 어떻게 이런 미끈한 선이 나올 수 있나? 전체가 10명이라면 점이 10개만 찍히고 100명이라면 점은 100개만 찍히지, 이렇게 미끈한 곡선이 나올 리 없지 않은가? 합리적인 의심은 이성의 생명이다. 맞다. 이렇게 미끈한 선으로 나오는 건 가정이 하나 더 들어갔기 때문이다. 그것이 무엇이냐 하면, 만날 수 있는 사람이 엄청나게 많다는 가정이다. 만날 수 있는 사람이 많을수록 촘촘하게 점이 찍히면서 매끈한 곡선처럼 될 것이고, '무한히' 많다면 드디어 완전히 매끈한 곡선이 될 것이다. 그러나 김씨가 만날 사람이 충분히 많을 경우 멀리서 조망하듯 그래프를 보면 저런 모양과 닮았을 것이다. 10명만 되어도 모양이 얼추 비슷하다. 그러니 최소 10명과 소개팅을 할 계획이 있는 분은 계속 읽어주시기 바란다.

그림만 보고 판단해보자. 몇 명쯤 만나보는 게 행운을 부르는 선택일까? 행운을 부르기 위해 이성적인 사람은 확률이 높은 쪽을 선택한다. 그러기 위해서는 그림에서 가장 높은 점을 주목하고 그 점이 몇 명일 때인지를 보면 된다. 수평 축에서 전체 중 반인 지점을 보

자. 50%이니 0.5다. 30명을 만나는 경우 15명까지 가볍게 만나다가 16명째부터 진지하게 만나 앞서 15명보다 더 괜찮은 사람이 나오면 그를 선택한다는 전략이다. 이때 최적인 사람이 선택됐을 확률은 얼마나 될까? 보다시피 꽤 높긴 하지만 최고점은 아니다. 수평 축이 0.5일 때보다 더 왼쪽에 확률이 더 높은 지점이 있다. 멀리서 보니 수평 축의 0.4, 즉 40%보다 약간 왼쪽이다. 30%보다는 더 오른쪽이다. 그림을 확대해보겠다.

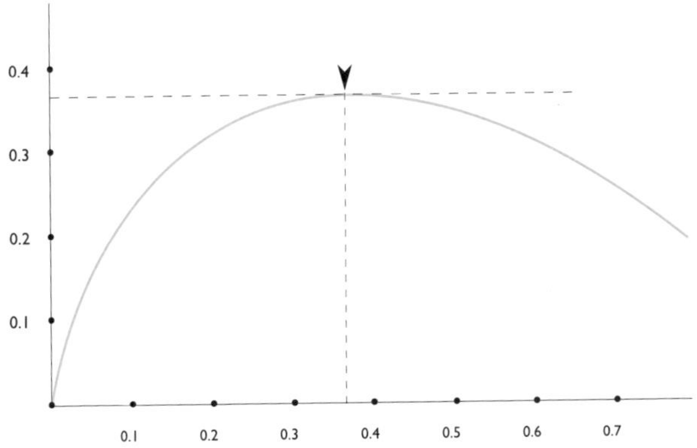

얼마쯤일까? 정확하지 않지만 30%보다는 40% 쪽이다. 대충 보건대 37%다. 더 정확한 값을 알고 싶으면 저 그래프가 어떤 수식으로 나왔는지, 그 수식에서 최고점을 보장하는 수평 축의 점이 어디인지 계산해야 한다. 그것이 수식과 계산의 힘이다. 상세히 그 과정을 밝힐 수는 없지만, 더 정확히 나타내면 36.8% 정도다. 30명을 만날 수 있는 김씨가 수학을 즐기고, 수학의 힘을 믿는다면 30×

0.368=11.04이니 대충 11명을 기준을 잡으라는 말이다. 즉 11명까지는 만나보기만 한다. 그리고 그런 쉬운 만남은 거기서 중지하고 12명째부터 긴장해야 한다. 더 마음에 드는 사람이 나오면 무조건 선택해야 하니까.

자, 그렇게 해서 김씨가 선택했다고 하자. 그 사람이 정말로 전체 30명 중 가장 좋은 사람일까? 아니라면? 아… 물론 아니라면, 어쩔 수 없다. 수학이 세상을 결정하는 게 아니지 않은가. 운을 어쩌겠는가? 운이라는 낱말 자체가 마음대로 못한다는 의미를 담고 있지 않은가. 김씨는 자신의 관점에서 최선을 다해 행운을 부르는 선택을 했을 따름이다(수학적인 논의나 증명 없이 살짝 귀띔 하나 하겠다. 앞의 그림을 유도할 때는 엄청나게 많은 사람을 만난다는 가정을 하고 수식을 찾아 계산했다. 그런데 그렇게 많은 인원이 아니라 7명까지만 만나기로 했다면 문제와 풀이는 약간 달라진다. 그 경우의 확률을 계산하면, 40%를 조금 넘는 3명까지 쉬운 만남을 가지는 게 행운을 가장 높이는 전략이다. 이때 당신의 선택이 최적일 확률은 40%가 조금 넘는다. 이 정도면 꽤 높은 거 아닌가? 소개팅이라고는 해본 적이 없는 나는 잘 모르겠다).

결국 37%

잠깐, 저 숫자… 36.8%, 즉 0.368이란 수를 좀 보자. 별 뜻 없는 수 같지만 사실 범상치 않은 수다. 앞에서 할인율과 이자율에 대해 이야기할 때 나왔던 신묘한 수 e를 상기해보자. 그 수로 1을 나눠보겠다. 수식으로 표시하면 $\frac{1}{e}$, 대충 $\frac{1}{2.72}$쯤이다. 의심은 이성의 뿌리이므로 직접 계산기를 눌러서 1을 2.72로 나눠보시기 바란다. 내가 방금 계산기를 누르니 0.3676470…이란 값이 나왔다. 세상에 어떻게 이런 일이? 이자율을 계산하며 상상을 무한까지 밀어붙여서 얻은 그 수 e가 왜 소개팅에 등장하는 거지?

$$\left(1+\frac{1}{10}\right)^{10}, \left(1+\frac{1}{100}\right)^{100}, \left(1+\frac{1}{1000}\right)^{1000}, \cdots, \left(1+\frac{1}{\infty}\right)^{\infty}$$

이자가 차곡차곡 쌓여서 나온 e는 저 '마지막 수'였다. 그런데 이게 왜 최적 중지 전략에서 행운을 최고로 부르는 숫자가 되었지?

더 놀라운 일도 있다. 앞의 식에서 더하기를 빼기로만 바꿔보겠다. 먼저 $\left(1-\frac{1}{10}\right)^{10}$이다. 뚜껑을 한 번 열 때마다 원금이 10%씩 줄어드는 항아리에 돈을 넣어둔 경우다. 또는 가격표를 넣어두면 뚜껑을 한 번 열 때마다 가격이 10% 할인되는 항아리라고 상상해도 된다. 뚜껑을 열 때마다 할인된 금액에서 또 10%가 할인되고 그렇게 모두 10번이 반복된 결과는 원금에 $\left(1-\frac{1}{10}\right)^{10}$을 곱한 값이다. 계산기를 누르면 0.35쯤이다. 즉 원래 가격의 35%로 가격이 할인되는 것이다. 항아리에 1억 원짜리 가격표를 넣어둔 경우 뚜껑을 10번 열고 나면 3,500만 원 정도로 가격이 떨어진다.

두 번째 할인 항아리는 할인율이 1%인 반면 100번까지 할인이 된다. 이를 수식으로 표현하면 $\left(1-\frac{1}{100}\right)^{100}$이고 이것을 계산기로 계산해보면 36.6%쯤 된다. 할인율을 0.1%로 더 낮추고 할인 횟수를 1,000회로 늘리면 36.77%다. 어라? 이게 웬일인가? $\frac{1}{e}$과 점점 비슷한 값이 나오지 않는가! 오호! 이런 신기한 일이 있다니! 할인을 받는 것보다 더 신난다. 왜 이런 일이? 이 글을 쓰는 나도 믿기가 어렵다.

놀라는 것에서 잠시 물러서서 냉정을 되찾자. 믿기 어렵지만 믿기로 하고 무슨 일이 벌어졌나 반추해보자. 그래서 어쨌다는 것인지? 그래, 소개팅을 할 때는 만날 수 있는 전체 사람들 중 37%까지는 일단 만나보라는 거지. 좋아. 그런 다음 더 만나보면서 그때까지 가장 괜찮았던 사람보다 더 괜찮은 사람이 나오면 냉큼 선택하라는 것이구나. 쉽네. 앞으로 그렇게만 하자.

집을 구하러 다닐 때도 그렇게 하면 되겠다. 집을 100채 보고 거기서 선택을 한다면 37채까지는 그냥 보는 거다. 그리고 그때까지 내가 매긴 종합 평점을 써둔다. 집을 더 보면서 그 점수보다 더 높은 점수의 집이 나오면 그걸로 고르면 끝! 고속도로를 달리다가 차에 기름을 넣고 싶은데 휴게소가 30개 정도 있다면 처음 11개는 참조만 하고 그 이후에 앞에 본 것보다 더 좋은 주유소가 나오면 기름을 넣는다. 식당이 20개쯤 있는 맛집 거리를 걸을 때 모든 식당이 다 좋아 보여 결정 장애에 시달릴 때도 마찬가지. 처음 7개 정도는 참조용, 그 이후 그 7개보다 더 낫다 싶은 집으로 쏙.

누군가 그렇게 생각한다면, 미안하지만 그것은 스스로를 속이는 생각이다. 선무당이 사람 잡는 격이다. 우리는 단정하게 각을 잡아놓고 그런 상황에서 그런 결론에 도달했을 뿐이다. 잊으면 안 된다. 그러니 각을 다르게 잡아 조건이 바뀌면 결론도 바뀔 수 있다. 김씨가 찍었지만 상대방이 거부한다면 어떻게 될까? 그가 받아들일 가능성이 50%라면 결론은 어떻게 바뀔까? 또 있다. 정말로 김씨는 자신이 만난 사람의 가치를 완벽하게 점수로 바꿀 수 있을까? 김씨가 잘못 평가할 확률이 50%라면? 또 있다. 김씨가 지나친 사람은 김씨가 돌아와도 거침없이 걷어찬다고 했는데 그게 너무 냉혹한 가정이라면? 받아줄 확률이 20% 정도 된다면? 언뜻 보면 잘 안 보이는 질문도 있다. 김씨가 만나는 사람들이 충분히 뒤섞여 있는가라는 질문이다. 누군가 김씨에게 장난을 치려고 앞서 만나는 쪽에 좋은 사람이 더 많이 쏠리게 했다면?

우리는 이렇게 다양한 관점에서 김씨의 소개팅 작전을 다르게 상상할 수 있다. 어떤 수학자도 맞선을 보려고 최적 중지 전략을 계산하지는 않는다(아마도). 37%를 계산하고 행동하는 사람도 물론 있겠지만 그 사람이 수학자일 확률은 매우 낮다(아마도). 게다가 앞의 그림에서 수직 축의 정점을 잘 보면 알 수 있듯이 최적 전략을 선택했을 확률도 37% 정도다. 만날 수 있는 사람의 37% 정도는 만나보라는 게 최적 전략이었으나 그게 최적 전략이었을 확률 역시 37% 정도다. 참 오묘한 일치다(그 오묘함은 e의 본성에서 비롯하고 그게 e의 오묘함이다).

여하튼 김씨가 완벽하게 통제된 상황 속에 있고, 수학 공부를 열심히 했고, 수학을 종교처럼 생각하고, 수학적 관점에 따라 최적인 선택을 했고, 자기가 똑똑한 척 자랑하고 다녀도 정말 최적인 상대를 만났을 확률은 37% 정도다. 그렇다. 높다면 높고 낮다면 낮다.

그렇다고 '최적 중지 전략, 이거 아무것도 아니네 뭐. 현실 문제를 해결하지 못하는데 이런 이야기를 해서 뭐 해'라고 하는 것도 스스로를 속이는 생각이다. 예술은 현실 문제를 해결하지 못하더라도 현실을 풍요롭게 한다. 수학도 그렇다. 게다가 맞닥뜨린 현실이 최적 중지 전략의 조건에 맞는다면 해결에 도움이 되는 강력한 이성의 산물이다. 너무 거창하지 않아도 된다. 우리는 생각했고, 잘 생각하기 위해 애썼고, 생각하니 즐거웠고, 더 생각해볼 수 있는 튼튼한 진지를 구축했다. 그거 말고 더 뭐가 필요할까?

케플러의 최적 중지

케플러는 어떻게 되었을까? 11명 중 다섯 번째 사람을 골랐다. 11명의 37% 정도는 4명이다. 따라서 우리의 최적 중지 전략에 따르면 4명까지는 만나보기만 하고, 그 이후에 더 마음에 드는 사람을 선택해야 한다. 정말로 케플러는 4명은 그냥 지나갔다. 다섯 번째로 만난 사람이 그 4명보다 나았던 것일까? 아니 이런, 케플러가 400년 전에 이미 최적 중지 전략을 썼다는 말인가? 케플러는 시대의 중력마저도 뛰어넘은 천재였단 말인가?

여기서 글을 멈추고 싶었다. 하지만 그러면 내가 속임수를 쓰는 셈이니 양심상 그럴 수가 없어, 한 문단만 더 쓰기로 했다. 독자분들은 양해해주시길. 케플러는 11명을 모두 만났다. 그러니 우리가 각을 잡아놓은 것과는 조건이 다르다. 케플러는 다섯 번째 상대자를 마음에 들어 했다고 한다. 그러나 구혼 전에 친구들과 의논한 결과 친구들은 네 번째 상대가 최선이라고 말했다.

그래서 케플러는 네 번째 상대자에게 돌아가 구혼을 한다. 이 또한 우리의 조건과 다르다. 그러나 네 번째 사람은 돌아온 케플러를 차버렸다. 이건 우리의 조건과 맞다. 또 하나 더. 케플러가 재혼을 위한 기나긴 맞선 여정에 들어가며 애초 정했던 기준에 따르면 그가 구혼한 다섯 번째 상대는 최적이 아니었다. 고아였고 (따라서 유산이 없고) 돈이 많지 않았다고 한다. 그런데도 케플러는 다섯 번째 상대와 결혼했다. 상황은 최적 중지 문제와 다른 각도로 진행되었지만 결과는 우연히도 최적 전략에 따른 선택과 같았다. 그래서 어떻게 되었을까? 새로운 천문학과 새로운 수학을 세우려는 야망을 가진 복잡다단한 남자 케플러는 새로운 부인 바르바르의 자상한 보살핌을 받으며 죽을 때까지 뜨겁게 살았다고 한다.

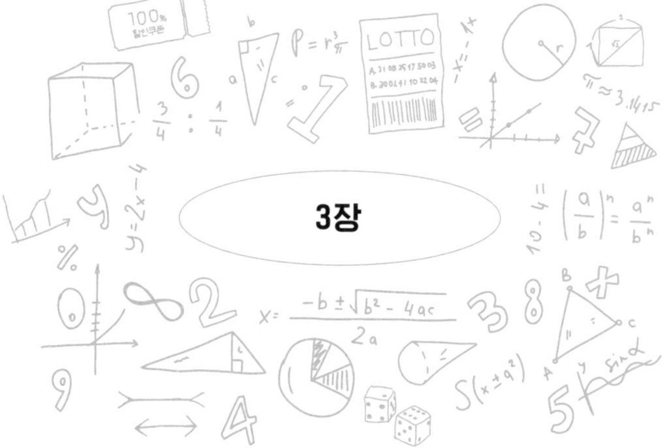

3장

내가 산 로또는 왜 만날 '꽝'인 걸까

도박과 기댓값 사이

LOTTO
02 03 17 21 25 45
01 04 10 22 33 43

2003년 여름 캐나다 온타리오복권협회 보안 담당자가 소포를 받는다. 소포를 열어보니 지난주 발행한 긁기 복권 20장이다. 아직 긁지 않은 새 복권들…. 복권은 10장씩 묶여 한쪽은 당첨, 다른 쪽은 꽝이라 표시되었다. 짧은 편지도 있다. '새 복권 20장입니다. 긁어보세요. 제가 10장은 당첨으로 분류했습니다. 복권 전문가에게 보내도 좋겠네요. 긁고 나면 사태가 심각하다는 것을 아실 겁니다.' 담당자는 복권을 긁어봤고, 하나 빼고 모두 보낸 사람이 예측한 대로였다. 소스라치게 놀란 담당자는 즉시 소포를 부친 사람에게 전화를 걸었다.

소포를 부친 사람은 소포를 부치기 며칠 전에도 전화를 했으나 무시당했다. 그는 광물의 샘플을 받으면 성분 분석표를 보고, 채굴 지역에 중요한 광석이 있는지를 통계적으로 예측하여 조언하는 지질 통계 전문가였다. 모한 스리바스타바Mohan Srivastava라는 이름을 가진 이 사람은 어느 날 친구가 재미로 선물한 긁기 복권을 긁다가 심상치 않은 냄새를 맡았다. 그는 가설을 세우고 복권을 더 사서 실험한 끝에 복권을 긁기 전에 당첨 여부를 아는 방법을 찾아냈다. 마음만 먹으면 당첨되는 복권만 살 수 있는 것이다.

쉽게 돈을 벌까? 모한은 그 길을 선택하지 않았다. 도덕을 대단히 중시하는 사람이라서 그런 게 아니다. 수와 친한 사람답게 잘 따져봤다. 복권 매장을 돌아다니며 될 만한 복권을 골라내 긁고 돈으로 바꾸는 일이라니, 그게 생활인가? 돈이 크게 된다면 또 모르지만 그렇지도 않았다. 모한은 지금 하는 일이 훨씬 재미있고 유익하다고 생각했다. 한 번에 3달러를 들였을 때, 최소 3달러에서 최대 5만 달러를 벌 수 있는 저급한 고수익의 기회를 택하는 대신, 그는 복권이 복권답지 못하다고 복권 회사에 전화하는 쪽을 선택했다. 그러나 응답 전화는 오지 않았고 그래서 소포를 보낸 것이다. 소포를 보낸 다음 날 그는 전화를 받았고 그다음 날 그 긁기 복권은 전체 매장에서 사라졌다.

삼목 놀이 복권이 문제가 된 이유

모한은 우연히 복권을 만났지만 그 복권에서 수상한 낌새를 맡은 것은 우연이 아니었다. 우선 그는 우연을 수로 다루는 학문을 전공한 사람이었다. 지질 통계학 컨설턴트로 인정받았고 그 분야의 교과서를 쓰기도 했다. 그는 알았다. 복권은 우연의 파생상품이고 사람은 우연을 완전하게 조작할 수 없다는 것을. 긁기 복권의 경우 사람이 더 개입하기 마련이고 그래서 우연은 더 적다. 긁기 전까지 볼 수 없으니 긁는 사람에게는 우연처럼 보이지만 사실 당첨과 꽝은 복권 회사가 비율을 정해놓았기 때문이다. 모한이 만난 그 긁기 복권은 더 더욱 그래 보였다. 그래서 모한은 더 유심히 봤고 결함이 드러났다.

도대체 어떤 복권이기에? 옆 그림이 긁기 전의 복권이다. 왼쪽 부분의 22개 칸 위에 '당신의 수'라고 쓰여 있다. 그 22개 글자 부분이 긁을 자리다. 오른쪽 부분에는 틱-택-토Tic-Tac-Toe라는 삼목 놀이가 8개 있다. 놀이 하나는 숫자 9개로 되어 있다. 당신의 수 22개를 긁어서 그 수로 오른쪽 삼목 놀이에서 가로, 세로, 대각선으로 연속 세 숫자가 되면 그 줄에 표시된 당첨금을 받는다. 보다시피 삼목 놀이 하나마다 가로로 5, 10, 100달러와 세로로 3, 20, 100달러가 당첨금으로 쓰여 있다. 그뿐 아니라 대각선으로 맞으면 250, 1,000, 5만 달러를 받는다. 복권 회사에서는 당연히 5만 달러 횡재는 매우 드물게, 3달러는 흔하게 나오도록 설정했을 것이다. 물론 꽝

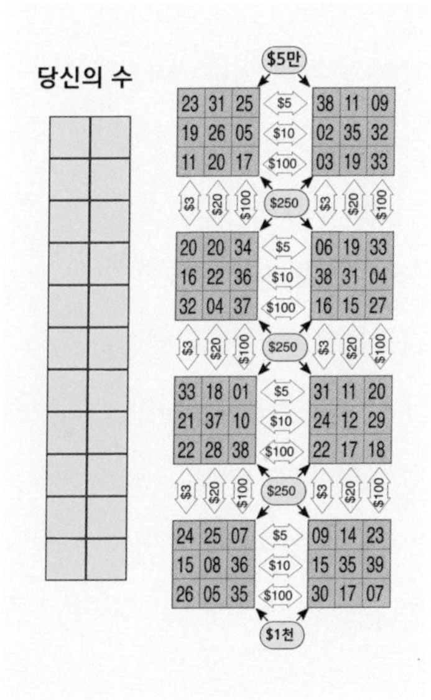

이 더 많겠지만.

문제는 삼목 놀이에서 숫자를 38개만 썼다는 것이다. 숫자를 몇 개 긁어보고 꽝을 당한 후, 모한은 바로 그 점에 정확히 주목했다. 9개의 숫자로 된 삼목 놀이가 8세트라서 칸은 모두 72개이지만, 숫자는 38개만 쓰기 때문에 어떤 수는 한 번 나오고 어떤 수는 두 번 나오고 어떤 수는 세 번도 나온다. 빈도로 봤을 때 숫자를 차별해서 썼다는 뜻이다. 한 번만 나온 수는 복권 회사에서 더 희귀하게 다룬 수라는 뜻일 것이다. 뭔가 냄새가 난다. 여기에 착안해서 숫자 자체를 보지 말고 숫자의 빈도만 보자.

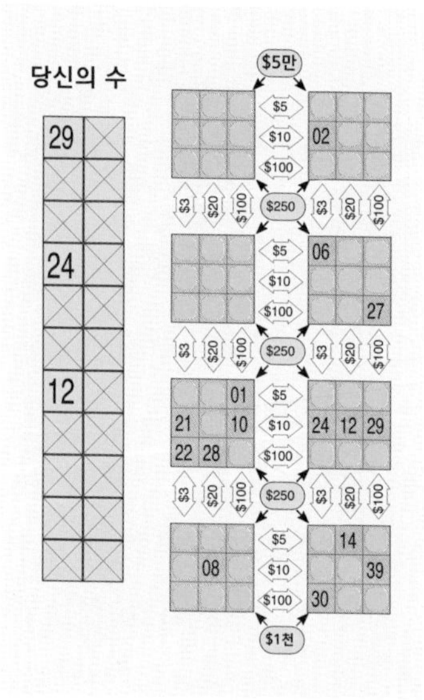

세 묶음이 있다. 한 번만 나오는 것, 두 번 나오는 것, 세 번 나오는 것. 예를 들어 앞의 그림에서 긁기 전에 공개된 72개의 칸에서 02는 한 번, 23은 두 번, 38은 세 번 나온다. 이제 한 번만 나오는 숫자들만 남기고 다른 숫자들은 모두 지웠다고 상상하면 옆 그림의 오른쪽 부분처럼 된다('당신의 수' 부분도 긁어서 사실은 22개 숫자를 모두 써야 하지만 편의상 당첨과 연관된 숫자 3개만 보이게 했고 다른 숫자들은 X 표시를 했다). 당첨이 있다. 8세트의 삼목 놀이 중 여섯 번째 삼목 놀이에서 이기는 것이 나왔다. 24, 12, 29

라는 가로줄이다. 아쉽게도 그 줄의 당첨금은 10달러밖에 안 되지만 3달러 들여서 3배 넘게 벌었으니 수익률로만 보면 쏠쏠하다.

모한이 한 일이 바로 그것이다. 처음에는 모한도 이런 말도 안 되는 실수가 있을 거라고는 믿기 어려웠다. 원래는 숫자에 차등을 두지 않고 72개 모두를 사용해야 했다. 그런데 특이하게도 이 복권 회사는 숫자의 빈도에 차등을 둔 것이다. 게다가 패턴도 너무나 단순했다. 복권을 만드는 사람들도 다 우연을 다루는 사람들인데, 설마 했다. 그런데 복권을 만드는 사람들이 우연을 너무 순진하게 다루는 실수를 범하면서 복권을 만든 규칙이 살짝 드러났다. 하필 그것도 너무 쉬운 규칙이었다. 물론 복권을 만드는 사람들이 바보가 아닌 바에야 5만 달러짜리 복권을 많이 만들었을 리는 없다. 당연히 있을까 말까다. 당첨이라도 대부분은 3달러짜리였을 게 뻔하다. 수를 조금이라도 아는 사람이라면 그 정도는 예측할 수 있다.

그런데 모한은 거기서 한 발 더 나갔다. 복권을 더 사서 긁어보며 데이터를 쌓아 통계를 얻은 다음 계산하여 복권 긁기만으로 하루에 얼추 600달러를 벌 수 있다는 결론에 도달했다. 적지 않은 금액이지만 모한은 자기 일을 즐겼고 일에 대한 보상도 괜찮았다. 그래서 복권 매장을 돌아다니며 복권을 한 장 들고 숫자들을 훑고 빈도를 세고 당첨 후보인지 선택하고, 복권을 긁고 당첨이면 돈으로 바꾸고 다시 다음 복권으로 넘어가 또 한 장을 들고 숫자들을 훑고 빈도를 세는, 영혼 없는 생활을 선택하는 대신 복권 회사에 전화를 거는 쪽을 선택한 것이다.

기댓값, 구매자는 손해다

여기서 우리는 두 가지 교훈을 배운다. 첫 번째 교훈, '복권은 완전히 우연이고 당첨될 가능성은 매우 낮기 때문에 아예 하지 않아야 한다'라는 교훈은 잘못되었다는 교훈. 똑똑하면 복권으로 돈을 벌 수도 있다. 두 번째 교훈, 복권은 우연 아니면 역시 큰돈이 안 된다. 모한의 예측으로 90%가 넘는 적중률을 보였던 삼목 놀이 긁기 복권에서도 5만 달러 당첨금이 있는 복권은 매우 희귀했다. 1,000달러 당첨금도 마찬가지다. 대부분 본전인 3달러짜리일 텐데, 매장을 돌아다니면서 복권을 고르고 긁고 바꾸는 것은 본전에 밑돈다.

그런데 첫 번째 교훈과 두 번째 교훈을 아우르는 능력은 수학에서 나온다. 생각해보니… 교훈이 하나 더 있다. 즉 수학적 능력은 쏠쏠한 돈벌이를 보장한다는 것이다. 그리고 모한의 판단처럼 쏠쏠한 돈벌이를 할지 말지를 평가하는 데도 큰 도움을 준다. 써놓고 보니 이 세 번째 교훈은 너무 꼰대 같다. 삼목 놀이 긁기 복권이 주는 교훈은 첫 번째와 두 번째, 그 두 가지만 있다고 해두자.

여기서 우리는 첫 번째 교훈보다 두 번째 교훈에 주목한다. 그럴 수밖에 없다. 정상적인 복권이라면 복권을 사는 사람은 돈을 잃는 게 정상이다. 그런데도 우연을 노리고 너 나 없이 복권에 달려든다. 복권을 파는 사람은 거꾸로다. 돈을 벌 수밖에 없다. 최소한 2000년 전부터 지금까지 국책 사업을 하기 위해 대부분의 정부가 독점해서 복권을 발행해온 이유가 그것이다. 만리장성 축조부터 올림픽 개최까지 명분을 내세워 복권을 팔았다. 굳이 특별한 목적이 없어도 상시로 복권을 팔기도 한다. 돈이란 더 있으면 좋으니까 말이다.

현재 대한민국은 대단히 양심 있는 국가라서 100을 팔아 50 정도는 내주고 50 정도는 꿀꺽한다. 2018년 기획재정부 복권위원회가 발표한 자료를 보면 4조 4,000억 원 정도를 복권수익금으로 받고 2조 2,000억 정도를 당첨금으로 주었다. 그런데 문제는 100을 팔 때, 들이는 비용이 거의 없다는 것이다. 종이를 인쇄하고 파는 것뿐인데 사업 비용이 얼마나 들겠는가. 자잘한 위탁 판매비나 광고비를 빼고 한 해 순이익은 1조 8,000억 원 정도다. 세상에 이렇게 쉬운 장사는 없다. 거의 거저 먹기다. 그렇기 때문에 복권은 정부에게 복이다. 정부가 복권 사업을 독점하는 이유가 여기에 있다. 수익금은 공공 기금으로 사용되니 누이 좋고 매부 좋긴 한데…. 다만 재산이 적고 교육 수준이 낮을수록 복권 구매 비중이 크다는 게 조금 찔리는 부분이긴 하다.

어떻게 그런 쉬운 장사가 가능할까? 그 이야기를 조금 해보자. 쉽게 말해서 복권은 변형된 계契다. 아주 단순하게 변형하면 10명이 1,000원씩 돈을 내서 모인 돈 1만 원 중에 두세 명이 합쳐서 5,000원을 가져가는 구조다. 남은 5,000원은? 사람들이 모이는 자리를 빌려준 사람이 가져간다. 이렇게 단순하게 보면 복권을 산다는 것은 정신 나간 짓임이 분명하다. 그런데 모이는 사람 수가 100만 명이고 내는 돈이 10원이라면 이야기가 달라진 것으로 보인다. 한 사람 한 사람은 무시할 수 있는 적은 돈을 내지만 당첨만 되면 인생 역전이다. 거의 대부분이 꽝이라는 사실은 대수롭지 않다. 그게 복권의 예술이다. 적당히 낮은 금액으로 팔아 적당히 높은 금액을 적당히 소수의 사람들에게 나눠주면 된다.

그 '적당히'가 얼마냐, 그것이 문제인데, 그 문제를 해결하려면 정밀하게 따져봐야 하고, 따라서 수학이 개입한다. 두 사람이 오랜만에 만나 할 말도 없고 할 일도 없어서 동전을 던진다고 하자. 그냥 하면 심심하니까, 한 사람이 앞을 선택하고 다른 사람이 뒤를 선택했다. 이것도 아직 무미건조하니까 1,000원씩 낸다. 동전을 던져서 앞이 나오면 앞을 선택한 사람이 2,000원을 모두 가져가고 뒤가 나오면 뒤를 선택한 사람이 2,000원을 모두 가져간다. 이런 놀이에서 앞을 선택한 사람은 얼마를 벌까? 물론 아무도 모를 일이다. 2,000원이거나 0원, 둘 중 하나일 것이다. 정상적인 동전이라면 앞이 나올지 뒤가 나올지 아무도 모르니 말이다. 앞과 뒤, 두 가지 경우 중 앞이 나올 경우는 한 가지니까, 가능성은 반반이다. 이렇게만 말해도 되지만 복잡한 상황을 미리 대비하고 섬세하게 생각하기 위해 우리는 반반을 $\frac{1}{2}$이라고 쓰도록 하자. 모인 돈이 2,000이고 그중 $\frac{1}{2}$ 정도의 비율로 이기니까 곱셈을 하는 게 합리적이다. 그래서 결과는 1,000원이다. 수학에서는 이것을 굳이 표현하면 다음과 같다.

$$2{,}000 \times \frac{1}{2}$$

그래야 복잡한 상황에서 나타내기 좋기 때문이다. 쓰기만 어렵게 하는 게 아니라 이름도 따로 있다. 중요한 개념은 자주 부르게 되고, 그래서 이름이 따로 있는 게 좋기 때문이다. 길게 부르면 '앞면이 나올 때 받을 것이라 예측되는 가치'이고, 짧게 부르면 '앞면의 기댓값'이다. 심심한 두 친구의 이 어이없는 동전 던지기는 1,000원을 내고 1,000원이 기댓값인 놀이다. 그야말로 공평무사한 놀이다. 주의할 것은 아주 많이 던졌을 때 그 기댓값이 구현되지, 몇 번만 던져서는 기댓값이 크게 의미가 없다는 사실이다. 다섯 번을 던져서 앞면만 계속 다섯 번 나올 수도 있다. 그게 인생이다. 그런데 아주 많이 던질 경우 '정상 동전이라면' 앞면과 뒷면이 비슷한 정도로 나온다. 아주 많이 던져서 한 사람만 일방적으로 따는 경우는 매우 희박하다는 말이기도 하다. 그리고 그것도 인생이다.

이야기를 조금 복잡하게 만들어보자. 복권과 비슷한 구조가 되도록. 딜러 한 사람이 있고 그 앞에 고객들이 모였다. 몇 명이든 상관없다. 참여할 사람은 200원씩 내야 한다. 1부터 10까지 쓰여 있는 구슬을 통 안에 넣고 통을 굴려서 구슬들이 마구 부딪히게 한다. 그렇게 우연을 조장해서 구슬 하나가 우연처럼 나온다고 하자. 참여자는 아무 번호에나 돈을 걸 수 있고 3의 배수에 걸 수도 있다. 나온 구슬이 1이면 1을 선택한 사람이 1,000원을 받고, 3의 배수면 3의 배수에 건 사람이 300원을 받는다. 그 외의 수가 나오면 딜러가 돈을 가져간다. 사람들은 자기 취향에 따라 돈을 걸 것이다. 딜러가 딸까? 고객들이 딸까? 이 놀이는 앞에 나온 동전 던지기 사례와 근본은 같지만 약간 복잡해 보여 바로 말하기 어렵다. 이럴 때 수식과 기댓값

개념이 있으면 판단하기 좋다.

구슬 1이 나오면 1,000원을 받는데 1은 구슬 10개 중 하나니까 확률은 $\frac{1}{10}$이다. 그래서 구슬이 돌기 전에 공평하게 예측하자면, 당첨금 1,000원에 구슬이 나올 확률을 곱해주면 그것이 구슬 1의 가치가 된다. 1,000의 $\frac{1}{10}$, 즉 $1{,}000 \times \frac{1}{10}$이니까 100원이다. 이 100원이 1에 건 사람이 받을 거라고 예측되는 가치다. 3의 배수가 나올 수도 있다. 10개 중 3의 배수는 3개다. 확률은 $\frac{3}{10}$이고 당첨금은 300원이니까 기댓값은 $300 \times \frac{3}{10}$, 즉 90원이다. 따라서 고객이 받을 것으로 예측되는 금액은 1의 기댓값과 3의 배수의 기댓값을 합친 것이다. 수식으로 표현하면 다음과 같다.

$$\left(1{,}000 \times \frac{1}{10}\right) + \left(300 \times \frac{3}{10}\right)$$

결과는 190이다. 고객은 한 판에 200원을 내고 들어가 190원을 얻을 것으로 기대할 수 있다. 여기까지는 누구의 주관도 고려하지 않고 냉정하게, 하늘에서 내려다보며 얻은 결론이다. 이제 선택해야 한다. 내는 돈보다 기댓값이 적으니까 이 판에 안 들어갈 것인가? 아니면 아주 많이 던져야 이게 구현되니까 이런 소심하고 귀찮은 이야기는 싹 무시하고 통 크게 한 번 걸어볼까? 1,000원을 벌 수도 있지 않은가! 꿈에 황금 돼지를 봤으니까, 될 가능성은 더 적지만 대박을 노리고 1을 선택할까? 적게 벌어도 가능성이 높은 3을 선택할까?

무엇이든 좋다. 다만 하나는 명심해야 한다. 이 놀이를 반복할수록 고객은 한 판에 10원씩 잃고 딜러는 10원씩 따는 쪽으로 실현되리라는 사실을. 물론 10번을 했는데 어떤 사람이 1을 연속 10번 선택해서 대박이 나고 딜러는 쪽박을 찰 수도 있다. 그러나 10번 연속 1이 나오는 경우는 매우 희귀하다. 100번, 1,000번 반복할수록 1은 $\frac{1}{10}$에 가깝게 나올 것이고 '3의 배수'는 $\frac{3}{10}$ 정도 나올 것이며 딜러는 야금야금 돈을 딸 것이다.

어느 도박중독자의 결말

도스토옙스키가 빚을 갚기 위해 급하게 써낸 소설 《노름꾼》에 비슷한 이야기가 나온다. 주인공은 어느 장군 집에서 가정 교사를 하는 남자 '나'다. 나는 장군 가족과 함께 독일로 휴양을 떠났고, 장군의 숙모인 백작 부인이 그곳에 도착한다. 70대 중반인 백작 부인은 장군보다 더 장군 같은 여장부였고 게다가 부자였다. 노부인은 걷지 못해 안락의자에 앉은 채 의자째 들려 옮겨 다닌다. 노름꾼인 '나'는 이 휴양지에 있는 도박장을 들락거리다가 우연찮게 노부인을 모시고 함께 가게 된다. 노부인은 도박하는 사람들을 유심히 관찰하고 그들의 정신 나간 행동에 분통을 터뜨린다. 그러나 노부인도 룰렛 게임에 끌리고 만다.

룰렛 게임은 0부터 36까지 적힌 원반이 빙글빙글 돌고 구슬이 그중 하나에 멈추면, 그 결과에 따라 판돈을 건 사람들이 돈을 잃거나 따는 게임이다. 그중 0은 매우 특별한 숫자다. 거기에 걸어서 진짜로 구슬이 0에 멈추면 자신이 건 돈의 무려 35배를 받기 때문이다.

돈 많고 통이 큰 노부인은 금화를 0에 건다. 37개의 번호 중 하나이니 걸릴 가능성이 매우 낮고, 게다가 부인이 걸기 직전에 0이 나왔으니 '더 가능성이 낮다'고 '내'가 말리는데도 노부인은 듣지 않는다. 당연히 노부인은 몇 번을 계속 잃는다. 노부인은 도박에 정신이 나가버린 사람들을 욕했지만 막상 자신이 도박을 시작하자 정신을 온전히 붙들지 못한다. 노부인은 또 0에 금화 2개를 건다. 안락의자에 실려 다니는 러시아 귀족 부인 할머니가 금화를 0에 계속 걸자 시선들이 쏠린다. 그때 룰렛의 공이 0에 멈춘다. 노부인은 의기양양하게 금화 50개가 든 주머니와 금화 20개를 받는다. 그런데 노부인은 거기서 멈추지 않고 또 0에 건다. 놀랍게도 또 0이 나오고 이어서 다시, 다시… 그렇게 해서 1만 2,000루블이라는 엄청난 돈을 딴다. 거기서 노부인은 멈추고는 개선 장군이 되어 일행을 몰고 호텔로 귀환한다.

거기서 끝나면 좋았으련만! 그랬더라면 소설 속 인물들의 운명도 달리 전개되었을 텐데! 노부인은 다음 날 다시 도박장을 찾는다. 역시나 전날 딴 돈을 모두 잃고 그만큼을 또 잃는다. 결국 목숨만 건진 패잔병처럼 호텔로 돌아온다. 여행 경비도 다 날렸기 때문에 마시려던 광천수는 구경도 못하고 서둘러 모스크바로 떠날 채비를 한다. 그러나 그것도 운명인지 바로 떠나는 기차가 없었다. 그러자 노부인은 증권, 채권 등 돈으로 바꿀 수 있는 것은 모두 바꿔서 다시 도박장으로 향한다. 휴양지에 놀러 온 사람들이 러시아 귀족 부인을 구경하기 위해 너 나 없이 도박장으로 몰려든다. 하루 동안 노부인은 도박장에 머물며 전 재산을 탈탈 털린다. 그중에는 시골 성당의 개축을 위해 헌금을 한다는 증서도 있었다. 이제나저제나 간절히 상속을 고대하던 장군의 꿈도 물론 물거품이 되었다. 장군이 탐하던 여인을 붙들 수도 없게 되었다. 소설은 룰렛의 주사위처럼 어지럽게 굴러간다.

잠깐 여담. 노름꾼이었던 도스토옙스키는 도박으로 돈을 다 날리고 그 빚을 갚기 위해 소설 한 편을 계약했다. 계약한 소설의 마감 기한을 못 맞추면 《죄와 벌》의 저작권까지 다 날릴 판이어서, 속기사를 고용해 이야기를 불러주고 속기사는 받아 적는 희대의 방식으로 썼던 소설이 바로 《노름꾼》이다. 도스토옙스키가 이 소설을 쓴 게 40대 중반이었고 그때 속기사는 도스토옙스키 팬인 20세의 젊은 여자였다. 두 사람은 소설 발간 후 결혼했다. 신혼 여행지인 독일에서 도스토옙스키는 신부를 호텔방에 남겨둔 채 도박판을 전전했고 결국 가진 돈을 모두 날린다. 결혼 반지까지 도박장에 맡길 정도였다. 그러나 이 여행을 계기로 도스토옙스키는 신부 앞에 무릎을 꿇고 사죄하며 도박을 끊었고, 이후 부인의 내조를 받으며 15년간 《백치》, 《악령들》, 《카라마조프가의 형제들》 같은 걸작을 써냈다. 도박이 인류 문학사에 잭팟을 터뜨린 사례랄까.

로또와 도박은 닮았다

소설 《노름꾼》에서 틀만 살펴보자. 룰렛에서 0이 나오면 건 돈의 35배를 준다고 했다. 여기에 도박장의 속임수가 있다. 0부터 36까지니 전체 수는 37개다. 그러니 37배를 주는 게 공평하다. 도박장 운영비를 제한다 치더라도 36배가 아니라 35배만 주는 것은 고객의 기댓값을 빼앗아 카지노의 기댓값으로 가져간 것이다. 그래서 룰렛을 돌릴수록 도박장은 돈을 딴다. 남은 문제는 룰렛을 많이 돌리는 것이다. 10배나 20배가 아니라 35배나 주는 이유가 그것이다. 사람들에게 엄청난 금액을 받을 수 있다는 번개를 때려 눈을 멀게 하려는 전략이랄까. 여하튼 도박장에서 하는 게임은 어떤 조작 없이 모든 것이 정말로 우연에 가깝게 이루어져도 결국에는 딜러가 따는 구조다.

그러나 도박장은 여기에 다시 기술을 쓴다. 저질 도박장은 자신들에게 유리하게 기계를 조작하거나 주사위 기술, 카드 기술 등 각종 기술을 써서 확률을 더 유리하게 바꾼다. '양심적인' 도박장은 당첨 확률 자체를 바꾸지는 않지만 게임을 더 많이 하도록 기계를 조정한다. 예를 들어 같은 모양이 3개 나와야 당첨되는 슬롯 머신에서 같은 모양 2개가 나오는 횟수가 완전히 우연에 맡겨놓을 때보다 더 많도록 조정한다. 그래야 '아이, 아까워!' 하는 마음이 생겨서 한 번이라도 더 돈을 넣고 손잡이를 당길 테니까.

우리의 복권은 '조금' 다르다. 정부가 딜러이고 로또를 사는 사람이 고객이다. 진짜 도박이 되려면 정부가 당첨금을 미리 정해놓고 우연에 맡겨야 하지만(옛날의 주택복권이 그것이다), 복권의 대명사인 로또는, 고객들이 낸 돈을 모두 총합하고 그중 일부를 미리 정부가 뗀 다음 남은 일부를 분배한다. 딜러는 기댓값을 계산할 필요도 없이 무조건 따는 구조라서 딜러 입장에서는 한 사람이라도 더 오면 무조건 환영이다. 로또는 많은 사람이 돈을 모으고 그 일을 대행해준 사람에게 전체의 반을 떼어준 다음 남은 금액을 몇몇 사람에게 몰아주는 구조다. 그래서 사람이 많이 모이게 되면 당첨 금액은 올라가고 당첨 확률은 내려간다. 단순하지만 오묘한 장난이다.

대한민국의 로또는 45개 숫자 중 6개를 모두 맞혀야 당첨될 수 있다. 이 확률은 800만 분의 1보다 낮다. 45는 너무 큰 수이니, 사태의 본질을 보기 위해 상황을 간략하게 바꿔보자. 숫자 5개 중 두 숫자를 맞히면 1등이라고 하자. 만들어지는 모든 경우 중 하나이니 분자는 1일 것이고 분모는 만들어지는 모든 경우의 개수다. 두 칸을 5개 숫자로 채울 수 있는 모든 경우가 몇 개인지만 알면 된다. 첫 번째 칸을 채울 수 있는 방법은 다섯 가지다. 예를 들어 5개 숫자 중 1이 채워졌다면 다음 칸에는 남은 4개 숫자인 2, 3, 4, 5 중 아무거나 하나가 들어가면 된다. 그래서 첫 칸을 1로 채웠을 때 네 경우가 있는데, 첫 칸을 채우는 방법은 다섯 가지다.

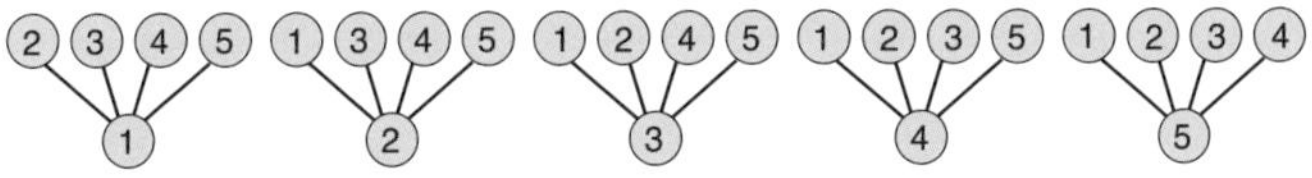

즉 (1, 2), (1, 3), (1, 4), (1, 5), (2, 1), ⋯, (5, 1), (5, 2), (5, 3), (5, 4) 여서 5×4이고 모두 20개다. 그런데 잘 보면 같은 것이 두 번씩 나왔다. 예를 들어 (1, 5)와 (5, 1)은 결국 같은 것이다. 그런 식으로 우리는 모든 경우의 2배를 셌다. 그러니 2로 나누면 우리가 세려고 했던 그 수가 나오고 이것을 좀 어렵게 쓰면 $\frac{5\times4}{2\times1}$ 다. 굳이 어렵게 쓰는 이유는 복잡한 상황일 때 쉽게 하기 위해서다.

로또도 원리는 똑같다. 칸이 2개가 아니라 6개고 고를 수 있는 숫자가 5개가 아니라 45개로 바뀔 뿐이다. 그래서 단순하게 가지 뻗기만 계속하면 45×44×43×42×41×40이다. 무려 5,864,443,200으로 58억 개가 넘는다. 다만 여기서 같은 것들을 모두 제외해야 한다. 그러면 계산은 다음과 같다.

$$\frac{45\times44\times43\times42\times41\times40}{6\times5\times4\times3\times2\times1}$$

58억을 실컷 나눠 수를 크게 줄였지만 그래도 814만 5,060이다. 확률이 $\frac{1}{8,145,060}$ 이라는 말이다. 달리 해석하면 로또를 814만 5,060번 하면 한 번쯤 1등에 당첨된다. 매주 한 장을 산다고 치고 1년을 52주로 잡으면 15만 7,000년 정도 매주 로또를 해야 한다. 실제로 그렇게 해도 1등에 당첨되리라는 보장은 없지만 말이다. 반드시 당첨되는 방법이 있긴 하다. 45개 숫자로 모두 다르게 해서 814만 5,060장의 로또를 사면 그중 한 장은 1등에 당첨될 수밖에 없다. 그러려면 로또가 장당 1,000원일 경우 80억 원이 넘게 필요하다. 사람들은 보통 그 두 가지 극단적인 선택 사이에서 결정한다. 즉 한 회에 몇 만 원어치를 사되, 거르지 않고 꾸준히 하는 것이다. 그게 얼마나 도움이 될지는 계산해보면 허망하지만!

이렇게 희귀한 확률인데 매회 8명 정도가 1등을 한다. 언뜻 생각하면 참 이상한 일이다. 그래서 로또 조작설을 퍼뜨리는 사람들이 있다. 학교 다닐 때 수학을 싫어하지 않았으면 이런 말을 안 할 텐데, 실로 안타깝다. 수학으로 생각하면 이상할 것이 하나도 없기 때문이다. 로또 금액을 다 모은 판이 80억 정도인데 1등이 8명 나왔다면 의심해볼 만도 하다. 그러나 80억을 들였을 때 한 명쯤 1등이 나오는 구조인데, 8명의 1등 당첨자가 나왔다는 것은 대충 잡아서 우리나라 로또 판이 640억 정도라는 것, 즉 그만큼 많은 사람들이 로또에 참여했다는 뜻이다. 여기까지는 내 짐작인데 아마 맞을 것이다. 혹시 이 글을 읽는 분들 중 음모론에 귀를 빌려준 분이 계실까 하여 기획재정부의 복권위원회 사이트에 들어가 통계를 확인해보겠다. 어디 보자… 그렇다. 진짜다. 애석하게도 내 짐작이 맞았다. 우리나라 사람들이 로또를 이렇게 많이 하는구나! 회당 640억 원을 넘은 지도 꽤 되었다. 매해 로또에 참여하는 사람은 꾸준히 늘고, 2018년에는 회당 판매 평균이 760억을 넘겼다. 장당 가격이 훨씬 비싼 영화판에 비해 4배가 넘는 규모다.

제럴드의 실험

구매자의 입장에서 로또를 보면 한 장의 기댓값은? 내가 멋지게 확률을 계산하고 1등부터 꼴등까지 당첨금 총액에 곱해서 기댓값을 보여드리고 싶지만, 로또는 나에게 기회를 주지 않는다. 모인 돈에서 일부를 떼고 남은 일부를 당첨금으로 돌려주는 게 로또니까. 그래서 간단하다. 대한민국 로또의 한 장당 기댓값은 사는 가격의 반이다. 이런, 이렇게 허탈할 수가. 이러려고 우리가 앞에서 확률이 어떻고 기댓값이 어떻고 길게 말해왔나? 자괴감이 든다.

하지만 히든 카드가 남아 있다. 기댓값이라는 개념을 알고 복권으로 떼돈을 번 사람들의 이야기다. 미국 복권부터 이야기해보자. 거기는 우리보다 사람도 더 많고 돈도 더 많을 뿐만 아니라 더 스릴 있다. 거기는 로또가 하나가 아니다. 파워볼과 메가밀리언, 이 두 가지가 양대 산맥이다.

우리는 우연 배당이라는 뜻의 '로또'라는 매우 객관적인 낱말에 '나눔'이라는 말을 붙여 '나눔로또'라고, 애써 복권 구매자들의 도덕심을 어루만진다. 하지만 미국은 파워볼과 메가밀리언이라니, 이름부터 도박 심리를 펌프질한다. 배당받을 우연의 강도도 세다. 1등이 될 확률이 우리가 800만 분의 1 정도라면 미국 로또는 약 3억 분의 1 정도다. 우리는 선택할 숫자가 45개인 데 비해 거기는 선택할 숫자가 더 많아서 그렇다. 그 대신 거기는 당첨자가 없는 차수의 돈은 그 다음 차수로 계속 말아 올려진다. 미국 말로 롤업roll up이다. 1등의 당첨 확률은 매우 낮은데 참여하는 사람은 많으니 당첨금이 눈덩이처럼 불어나고, 그러면 사람들이 더 많이 모이는 것이다. 미국에 살면 정말 큰 판을 만나 정말 크게 될 수 있다!

당첨이 안 될수록 딜러에게 좋기만 할까? 대부분의 경우 '예스'가 답이다. 그러나 100%는 아니다. 1등이 계속 나오지 않으면 나눠 가질 돈뭉치가 커졌기 때문에 그걸 보고 눈이 뒤집힌 사람들이 몰려들 수 있지만, 반대로 그 이전에 눈이 뒤집혔던 사람들이 1등은 정말 어렵다면서 눈을 되찾고 로또로 가는 길에서 돌아설 수도 있다. 이 지점을 공략한 로또가 2003년에 미국 미시간주에서 나왔다. 이름도 멋진 윈폴winfall.

이 로또는 몇 회 동안 1등이 나오지 않으면 롤다운roll down을 선언하고 해당 회차에서 또 1등이 안 나오면 쌓인 돈을 승리의 폭포수가 쏟아져내리듯 2등 이하의 사람들에게 분배한다. 이렇게 하면 일석삼조다. 우선 로또에서 돌아서려는 사람들을 붙잡을 수 있다. 그 다음으로 퍼붓기를 선언한 그 회차의 당첨 확률이 높아지고 당첨금도 늘어나기 때문에 관심 없던 사람들도 끌어들일 수 있다. 게다가 당첨금 말아 올리기가 지나치게 사행심을 조장한다는 도덕적인 짐도 덜 수 있다. 얼마나 좋은가! 어차피 주정부는 무조건 따니까 말이다.

주정부만 좋아한 게 아니었다. 수를 좋아하던 제럴드라는 남자가 있었다. 그는 성실하게 회사를 다니다가 회사를 나왔고 한적한 마을에서 성실하게 가게를 운영하다가 그마저도 퇴직한 상태였다.

그는 가게에서 로또를 팔면서 재미로 몇 번 해본 게 전부였다. 어느 날 제럴드는 로또에 롤다운이라는 새 규칙이 생겼다는 뉴스를 봤다. 갑자기 그의 눈이 빛났다. 암산만으로도 이게 물건이라는 생각이 들었던 것이다. 계산을 해봤다. 그랬더니 생각보다 더 좋았다. 평소에 1달러를 주고 로또를 사면 기댓값이 1달러에 훨씬 못 미쳤다. 그런데 롤다운이 발표되고 그다음 회에 1등이 또 안 나오면 기댓값이 쭉 올라간다. 롤다운 발표에 사람들이 몰려서 당첨금이 늘고 말아 올려졌던 큰돈이 2등 이하로 쏟아져 내리기 때문이다. '그냥 곱셈을 해봤을 뿐'인데, 낮은 확률을 고려해도 로또 가격인 1달러 이상의 가치가 있었다. 수를 좋아하던 성실한 남자 제럴드는 수와 계산을 신뢰하며 롤다운 발표를 기다렸다.

드디어 롤다운 발표가 났다. 제럴드는 실험에 들어갔다. 2,000달러 정도를 넣었다. 그러나 50달러를 잃었다. 제럴드는 별로 놀라지 않았다. 문제가 뭔지 알았으니까. 기대되는 확률이 현실에서 실현되려면 충분히 오래하거나 충분히 큰돈으로 해야 하는데, 확률을 구현할 만큼 크지 않은 돈을 딱 한 번 투자했을 뿐이니까. 그다음 롤다운 때는 8,000달러를 넣었다. 그랬더니 돈이 2배가 되어 돌아왔다. 그때부터 그는 성실함이라면 따라갈 사람이 없었던 아내까지 설득하고 친구들도 설득해서 점점 투자 금액을 늘린다. 회계 처리를 정확하게 하기 위해 아예 투자회사를 창립하고 주주들을 모았다. 엄청난 양의 로또를 기계에서 뽑고 당첨을 확인하고 당첨금을 처리하고 증빙 자료를 만드는 등, 일은 고되도 제럴드 부부는 사는 재미를 느졌다.

그러던 어느 날 미시간 주정부가 윈폴을 중단한다고 발표한다. 다시 TV만 보는 퇴직자 생활로 돌아가야 하다니 제럴드는 화가 났지만 멀지 않아 희소식이 들린다. 투자 회사의 주주가 편지를 보내온 것이다. 매사추세츠주에서 윈폴과 거의 같은, 이름까지 비슷한 캐시 윈폴Cash WinFall이 나온단다. 제럴드의 눈에서 다시 빛이 났다. 그러나 문제는 디테일. 그는 연필을 꺼내 숫자를 적고 계산했다. 기댓값을 얻으니, '이 정도면 괜찮다'라고 결론 내린다. 그리고 롤다운이 발생했다. 부부는 미 동부 해안을 따라 12시간 동안 트럭을 운전해서 내려갔다. 투자하는 금액도 커져서 30만 달러 넘게 로또를 샀다. 규모를 키울수록, 횟수를 늘릴수록 기댓값에 비슷한 결과가 나오기 때문에 사업은 순항이었다. 어떤 기자가 '캐시 윈폴로 돈 놓고 돈 먹는 사람이 있다'라는 고발 기사를 쓰기 전까지는 말이다.

알고 보니 제럴드 부부만 로또를 투자로 하는 게 아니었다. 매사추세츠주의 명문 대학인 MIT 수학과 대학원생이 주도한 투자 회사도 있었다. 이 학생은 도박의 수학을 연구하던 중 롤다운 방식이 있는 로또의 기댓값이 투자 금액보다 높다는 사실을 알아냈다. 어찌 모르겠는가? 수학적인 감만 있다면 중학생 정도의 산수만 해도 되는데, 그는 도박을 연구하던 MIT 수학과 대학원생이었으니! 1달러를 넣어서 그보다 많은 금액을 기대할 수 있는데 왜 구경만 한단 말인가? 다만 기대를 구현하려면 크게 해야 했기에 그는 판을 크게 벌렸다. MIT 출신들은 수학과 친한 사람들이었기 때문에 주저하지 않았다. 게다가 이들은 제럴드 부부보다 영악해서 롤다운을 기다리는 게 아니라 조장하기도 했다. 예를 들어 당첨금이 200만 달러가 되도록 여러 회에 걸쳐 1등이 안 나오면 롤다운이 발생하는 조건에서 190만 달러까지 당첨금이 쌓였다고 하자. 그러면 MIT 학생들은 10만 달러를 더 부어서 롤다운을 만들어냈다. 그 10만 달러의 로또 안에서 1등이 당첨되는 경우에는 하늘에 감사하면 되고, 1등 당첨이 안 되는 경우에는 롤다운을 통해 투자금보다 많은 돈을 벌면 된다!

로또 한 장당 몇십 퍼센트를 무조건 가져가는 주정부야말로 돈 놓고 돈 먹기 판의 주역이었지만 고발 기사가 나간 후에 제럴드 부부나 MIT 학생 투자단이 수학으로 사기를 친 추잡한 범죄인 취급을 받았다. 물론 그들은 잘못이 없다. 한창 공부할 나이에 일부러 롤다운을 만들어낸 MIT 학생 투자단의 영악함이야, 합법적이지만 도덕적인 논란이 가능하다 쳐도 평생 성실하게 살아온 퇴직자들의 삶에 활기를 불어넣은 투자까지 사기꾼 취급을 하다니, 해도 너무했다. 더 많이 팔기 위해 주정부가 발행한 로또를 더 많이 사준 게 속임수라니. 게다가 그들은 지나간 로또 종이까지 창고에 보관할 정도로 투명하게 회계 처리를 했는데 말이다.

하지만 이 이야기를 전하는 국내 언론의 논조는 나와는 사뭇 달랐다. MIT 학생 투자단은 '우연이 지배하는 로또의 세계를 수학 천재가 천재기를 발동해서 관리한' 듯이 묘사하고 제럴드 부부는 사기꾼처럼 그려놓았다. 나는 납득하기 어려웠다. 그럴 리가 없다고 봤다. 국내 기사에는 어디에도 기댓값이라는 개념조차 언급되지 않았다.

우연히 그 기사를 읽다가, “이건 사기다, 이 기사가 사기야!”라며 나는 흥분했다. 한 달쯤 후에 가라앉을 건 다 가라앉자 이 이야기의 근원지를 찾았다. 여러 자료를 읽었지만 그중에서 2018년 3월 1일자 미국판 《허핑턴포스트Huffington Post》의 기사와 2011년 1월 31일자 미국 잡지 《와이어드Wired》 기사에 주로 기대어 요약하고 상상하고 재구성해서 이 글을 쓴다. 이 글을 읽는 독자분들이 기댓값을 잘 기대하고 복권에 투자할 것인지 투기할 것인지 판단하는 데 도움이 되기를 바라며.

4장

금융 위기를 막을 수 있었다?

벤포드의 법칙

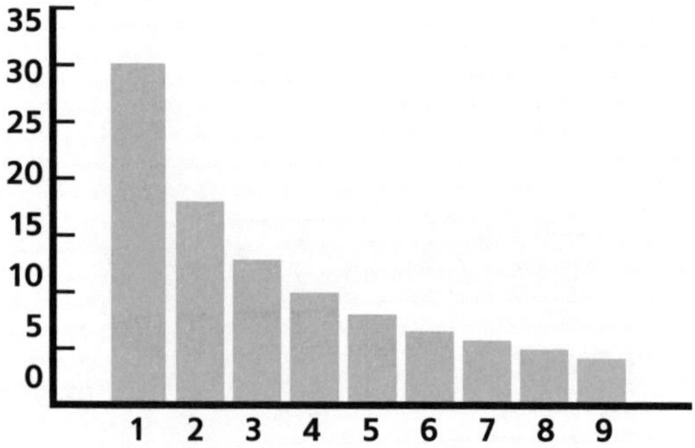
35
30
25
20
15
10
5
0
1
2
3
4
5
6
7
8
9

어느 날 벤포드 씨는 로그표 책을 넘기다가 멈칫한다. 뭔가 스치고 지나갔고 뭔가를 얼핏 보았는데. 뭐였지? 그것을 알기 위해 벤포드 씨는 가만히 있었다. 그러다가 문득 깨닫는다. 이 책의 앞부분만 많이 닳았네. 뒤로 갈수록 손때가 묻지 않았어. 1로 시작하는 부분을 내가 많이 봤고 9로 시작하는 부분은 거의 안 봤다는 말인데, 그럴 리가 있나? 내가 이 로그표를 본 것은 우연히 숫자들을 만났을 때지. 우연히 만난 수의 로그값이 궁금해서 폈으니 숫자들이 고르게 나와야 하지 않나? 그럼 손때가 책에 고르게 묻어야 하는데 말이야. 그런데 1로 시작하는 부분이 특별히 닳았으니, 1로 시작하는 숫자를 훨씬 많이 만났다는 뜻인데? 세상에 1로 시작하는 숫자가 더 많다는 말이야?

대학을 졸업하고 제너럴일렉트릭에 입사하여 연구원으로 착실하게 늙어가던 벤포드 씨는 이 질문을 붙들었다. 자료를 찾고 오래 생각한 끝에 논문으로 정리해 발표했다. 이때가 1938년이다. 숫자와 공식과 표가 그득한 논문이 실린 곳은 《미국 철학학회지》다. 이 학술지는 그때 막 100세를 맞았다. 논문의 시작 부분에는 표가 하나 나온다. 숫자 범벅이라 위협적이지만 역사적인 표다. 우리는 로그표 책의 손때를 보고 서 있었을 벤포드 씨처럼 멈칫하고 가만히 표를 보기로 한다.

TABLE I

PERCENTAGE OF TIMES THE NATURAL NUMBERS 1 TO 9 ARE USED AS FIRST DIGITS IN NUMBERS, AS DETERMINED BY 20,229 OBSERVATIONS

Group	Title	First Digit									Count
		1	2	3	4	5	6	7	8	9	
A	Rivers, Area	31.0	16.4	10.7	11.3	7.2	8.6	5.5	4.2	5.1	335
B	Population	33.9	20.4	14.2	8.1	7.2	6.2	4.1	3.7	2.2	3259
C	Constants	41.3	14.4	4.8	8.6	10.6	5.8	1.0	2.9	10.6	104
D	Newspapers	30.0	18.0	12.0	10.0	8.0	6.0	6.0	5.0	5.0	100
E	Spec. Heat	24.0	18.4	16.2	14.6	10.6	4.1	3.2	4.8	4.1	1389
F	Pressure	29.6	18.3	12.8	9.8	8.3	6.4	5.7	4.4	4.7	703
G	H.P. Lost	30.0	18.4	11.9	10.8	8.1	7.0	5.1	5.1	3.6	690
H	Mol. Wgt.	26.7	25.2	15.4	10.8	6.7	5.1	4.1	2.8	3.2	1800
I	Drainage	27.1	23.9	13.8	12.6	8.2	5.0	5.0	2.5	1.9	159
J	Atomic Wgt.	47.2	18.7	5.5	4.4	6.6	4.4	3.3	4.4	5.5	91
K	$n^{-1}, \sqrt{n}, \cdots$	25.7	20.3	9.7	6.8	6.6	6.8	7.2	8.0	8.9	5000
L	Design	26.8	14.8	14.3	7.5	8.3	8.4	7.0	7.3	5.6	560
M	*Digest*	33.4	18.5	12.4	7.5	7.1	6.5	5.5	4.9	4.2	308
N	Cost Data	32.4	18.8	10.1	10.1	9.8	5.5	4.7	5.5	3.1	741
O	X-Ray Volts	27.9	17.5	14.4	9.0	8.1	7.4	5.1	5.8	4.8	707
P	Am. League	32.7	17.6	12.6	9.8	7.4	6.4	4.9	5.6	3.0	1458
Q	Black Body	31.0	17.3	14.1	8.7	6.6	7.0	5.2	4.7	5.4	1165
R	Addresses	28.9	19.2	12.6	8.8	8.5	6.4	5.6	5.0	5.0	342
S	$n^1, n^2 \cdots n!$	25.3	16.0	12.0	10.0	8.5	8.8	6.8	7.1	5.5	900
T	Death Rate	27.0	18.6	15.7	9.4	6.7	6.5	7.2	4.8	4.1	418
Average.......		30.6	18.5	12.4	9.4	8.0	6.4	5.1	4.9	4.7	1011
Probable Error		±0.8	±0.4	±0.4	±0.3	±0.2	±0.2	±0.2	±0.2	±0.3	—

지레 포기하지 않고 암호를 푸는 재미로 다가가면 이 표가 무슨 말을 하는지 들을 수 있다. 다만 수를 그림으로 나타내면 더 쉽게 암호가 풀린다. 옆 페이지의 그림이 이해의 지렛대다. 위 그림에서 총합을 나타내는 가장 아랫줄을 막대그래프로 나타낸 것이다. 가로축은

시작하는 숫자이고 세로축은 그 숫자로 시작하는 수가 얼마나 되는지를 나타내는 비율이다. 표나 그림을 보면 1로 시작하는 수가 전체의 30%가량이고 그다음 2로 시작하는 수가 18% 이상이다.

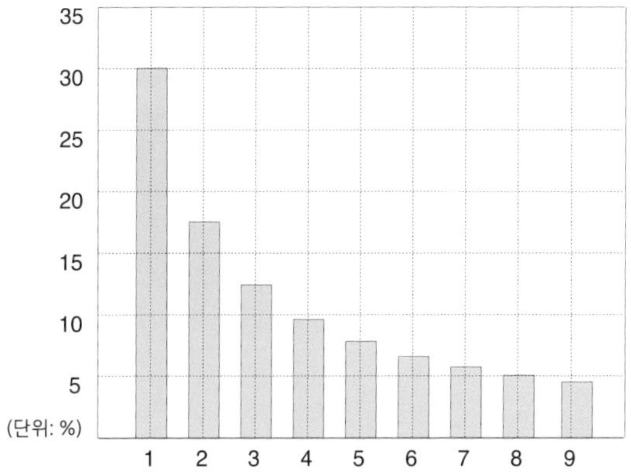

로그표의 손때에서 영감을 받은 벤포드 씨가 강 넓이 자료며(A), 신문에 등장하는 숫자 자료며(D), 《리더스 다이제스트》 자료(M) 등 20개 분야에서 숫자를 무려 2만 229개나 훑어 모아 끈기 있게 세어보니 우리가 사용하는 수의 상당 부분은 정말로 1로 시작했다. 여기에 2로 시작하는 수까지 합하면 수 전체의 절반에 육박한다. 그 후로 여러 사람이 벤포드 씨의 자료를 재검토했고 다른 자료들도 검토했다. 오차는 있지만 근본적으로 벤포드 씨가 틀리지 않았다는 사실이 확인되었다. 무질서 속에 숨은 질서를 찾은 것이요, 혼돈 안에서 무늬를 찾은 것이다. 법칙이라는 말을 붙일 만한 쾌거다. 그래서 지금은 이것을 벤포드의 법칙이라고 부른다.

회계 조작을 잡다

물론 모든 집단에서 벤포드의 법칙이 적용되는 것은 아니다. 전화번호 집단에서 숫자들을 모았다면 1로 시작하는 수는 매우 적을 것이다. 집단을 성인의 키로 한정해보면 30%가 아니라 거의 100% 가깝게 1로 시작한다.

그러나 그런 사례는 벤포드의 법칙이 안 통하는 이유가 너무 뻔해서 반례라고 하기 무색하다. 그런 극단적인 경우 말고도 벤포드의 법칙과 약간 다른 무늬를 보이는 다른 사례들도 있긴 하다. 하지만 그렇다고 성급하게 벤포드의 법칙을 법칙이 아니라고 우길 수도 없다. 회의주의자가 되기엔 벤포드 씨 이후 수십 년 사이에 증거가 너무 많이 나왔다. 차라리 낙천주의자가 되어 이 법칙을 인정하고, 이 법칙이 우리에게 무엇을 말하는지 들어보는 게 낫다.

나를 법칙성을 믿는 낙천주의자라고 하자. 어떤 회사가 재무 자료를 제출했는데, 이것이 정직한 자료인지 속임수가 들어간 자료인지 알고 싶다면 어떻게 해야 할까? 물론 숫자의 흐름을 하나하나 따져볼 수 있다. 내용과 형식의 일치를 일일이 따지는 방법이다. 정확하겠지만 시간과 노력을 엄청 들여야 한다. 그러나 그전에 다른 건 다 무시하고 전체 숫자를 분류하고 숫자의 분포만 쭉 늘어놓는 방법도 있다. 그런 건 컴퓨터가 잘하는 일이다. 데이터를 만져서 그림으로 만들었더니 숫자들의 무늬가 이렇게 나왔다면?

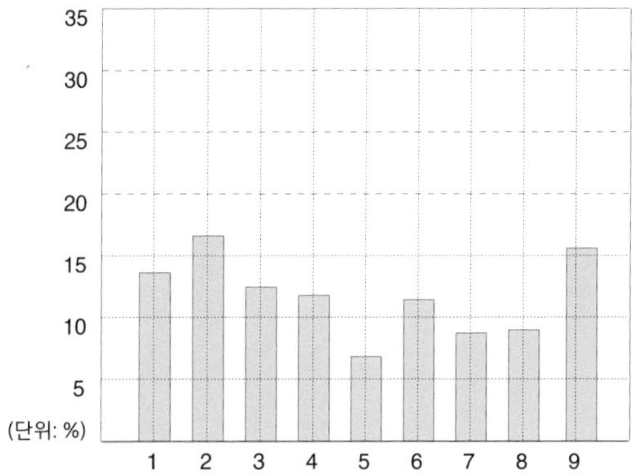

보다시피 벤포드의 법칙이 그리는 무늬와 너무 다르다. 그래서 이렇게 말할 수 있다. '아마도 이건 거짓일 거야. 틀림없이 누가 손을 댔어.' 이렇게 단순한 조작으로 이렇게 쉽게 속임수가 드러나다니 놀랍겠지만 그건 패턴의 힘을 몰라서 그런 것이다. 한 자리만 보고 속임수를 판단하기가 어쩐지 석연치 않다면 어떻게 할까? 패턴의 힘만 빌려 속임수를 더 정밀하게 걸러내고 싶다면? 벤포드의 법칙을 더 정밀하게 적용하면 된다. 1부터 9까지 첫 숫자들만 참고할 게 아니라 10부터 99까지 두 자리로 시작할 때의 벤포드의 법칙과 이 재무제표에 나온 숫자들을 10부터 99까지 재배열해서 그 둘을 비교하면 될 것이다.

왜 이런 법칙이 나오는지 근거를 밝히고 이론까지 덧붙이면 금상첨화다. 그러면 일일이 검토하지 않고도 전체 무늬만 보고 빠르게 '아마도 이것은 거짓'이라고 말할 수 있게 된다. 실제로 이 분야를 성장시킨 사람들이 나왔다. 돈을 빼돌리고 탈세를 하기 위해 숫자를 속이는 사람들에 맞서 그들은 과학적인 기법을 개발했고, 최근이 분야는 감사 포렌식이라는 분야로 성장했다. 메일 서버는 낱말의 패턴으로 스팸 메일을 자동으로 걸러내고, 최근에 국내 은행은 문자 피싱을 걸러내는 프로그램을 공개했다. 성실하게 살아가는 우리를 낚아 속이려는 사람들은 그동안 너무 쉽게 돈을 벌었다. 이제 그들도 패턴의 필터를 피하려면 돈을 많이 들여 끙끙대며 노력할 때가 된 것이다. 우리를 낚으려는 사람들을 패턴으로 낚는 사람과 프로그램에게 박수를! 부디 더 정밀해지기를!

벤포드 씨가 본 로그표 책의 손때는 우리에게 말을 걸고 있었다. 다만 들을 귀가 있는 사람에게만 들리는 말이다. 정확히 말하자면 손때 자체가 아니라 손때가 만든 무늬가 말을 했다. 무늬는 패턴이다. 패턴은 무질서 속에서 질서를 발견하면서 드러난다. 패턴을 볼 줄 아는 사람에게는 속임수도 잘 보인다. 아래 그림은 국내총생산GDP 자료다. 한국은행이 발표한 자료인데 패턴에 주목하기 위해 자잘한 수치들은 간단히 표시했다. 보니까, 해마다 4분기 중 1분기는 생산이 낮고 이후 서서히 오르다가 다시 다음 해 1분기면 총생산

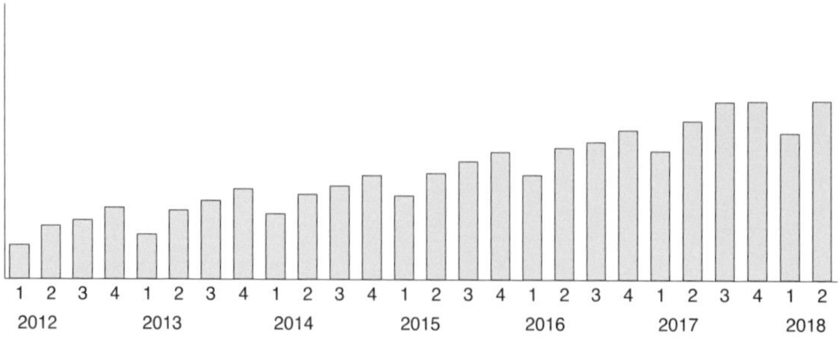

이 뚝 떨어진다. 계절 요인이 있다는 뜻이다.

이런 패턴이 있는데도 2019년 1분기 결과를 놓고 누군가 "경제가 몹시 좋지 않다. 2018년 4분기에 대비해서 총생산이 급감하지 않았나"라고 떠들고 다닌다면 악의가 담겼을 공산이 크다. 반대로 2019년 2분기 결과를 놓고 누군가 "1분기랑 비교해보세요. 경제가 정말 좋아졌죠. 다 제 덕분입니다"라고 말한다면 그것은 허세다. 물론 현실에서는 이 정도로 단순한 속임수를 쓰지는 않지만 본질은 크게 다르지 않다. 패턴을 아는 누군가가 패턴을 모르는 누군가에게 패턴을 숨겨 속인다는 게 본질이다. 패턴을 알면 속임수를 숨길 수도 있고, 속임수를 들추어낼 수도 있다. 문제는 패턴이다. 패턴을 아는 능력은 다른 말로 하면 "그것은 아마도 거짓"이라고 말하며 상대방의 눈을 지그시 직시하는 능력인 것이다.

경제 위기를 예측하다

2008년 금융 위기 때도 그랬다. 그전부터 여기저기에서 위험 신호가 깜박댔지만 경제 분야의 큰손들 상당수는 걱정할 만큼은 아니라고 했다. 그러나 금융 재앙은 오고야 말았다. 패턴을 보이며 위험이 심각하다고 한 사람들도 있었다. 《이번엔 다르다This Time is Different》에서 저자들이 제시한 다음 그림은 지난 200년 동안 해외 부채가 심각한 국가가 몇 %인지 조사한 자료다. 그림을 보면 1830년부터

50~60년 주기로 부채 위기가 급등한다.

나폴레옹 전쟁, 대공황과 세계대전, 신흥 국가 금융 위기 등등 원인과 결과와 상황을 일일이 따지고 들어가면 내용은 끝없이 복잡해서 미로에 빠질지 모른다. 핵심 요인 몇 가지를 뽑아 이 패턴을 설명해보자. 저자들은 국내 부채, 인플레, 은행 위기, 화폐가치 등 경제의 다른 요소가 이 패턴과 어떻게 맞물리며 대재앙을 낳는지에 초점을 맞추고 촘촘하게 설명한다. 저자들의 주장은 단호하다. 글로벌 단위에서 부채가 충분히 쌓이면 글로벌 금융 위기가 따라온다는 패턴이 있다. 각국의 경제 전문가라는 사람들이 제아무리 "이번에는 달라, 우리는 달라"라고 해도 그건 패턴의 힘을 경시하는 안이한 태도라는 것이다.

게다가 2019년에 저자 중 한 명이 한국을 방문하여, 패턴에 따르면 현재도 위험한 상황이라고 경고했다. 이번에도 여전히 "이번에는 달라, 우리는 달라"라고 말하는 사람이 주도할까, 아니면 "속지

마. 그런 건 없어. 패턴이 하는 말을 듣고 어서 준비해, 제발"이라고 말하는 사람이 주도할까? 경제학을 잘 알지는 못하지만, 나는 숫자와 패턴의 힘을 믿는 쪽이다. 경고를 심각하게 받아들이는 사람이 주도하기를 바라고, 그래서 기회가 온다면 그쪽 사람에게 내 한 표를 던질 것이다.

좋다. 회계 감사 포렌식, 글로벌 금융 위기는 그렇다 치자. 우리는 거대 회사의 회계 감사를 할 것도 아니고 글로벌 금융 위기에 맞서 노아의 방주를 만들 것도 아니다. 벤포드 씨처럼 2만 개가 넘는 숫자 자료를 쓸어 모아 개수를 셀까? 그것도 아니지 않은가. 보통 사람으로 일상을 살아가는 나는 무얼 할까? 우리는? 성급하지만 내 생각은 이렇다. 패턴에 주목하는 힘을 길러야 한다. 그래서 어떤 경우를 만났을 때, "그것은 아마도 거짓"이라고 말할 수 있는 기본기를 길러야 한다. 그리고 그 기본기는 수학에서 도움을 받을 수 있다.

수학은 패턴에 대한 과학이라고 가우스Karl Friedrich Gauss는 말했다. 200여 년 전, 일찌감치 '수학의 왕' 자리에 등극한 가우스는 어릴 때부터 패턴에 예민했다. 그는 대학에 진학할 때 고전 문학을 전공하는 문학도가 될까 고민할 정도로 '문과'에도 흥미와 재능을 가졌지만, 어렸을 때 삼촌이 선물한 소수표 책을 달달 암기하고 책에 없는 새로운 소수를 찾는 취미를 가진 별난 소년이기도 했다. 이미 2000년 전부터 소수는 끝없이 많다는 사실이 명쾌하게 증명되었으므로 새로운 소수를 찾는 여정은 끝없이 긴 길이었다. 만 15세 즈음 어느 날 가우스는 질문을 하나 던진다. 소수 전체는 무한이야. 그건 하늘이 두 쪽 나도 바뀌지 않아. 그런데 100 이하에서 소수는 몇 개이고 1,000 이하에서는 몇 개일까? 해결은 간단했다. 이미 소수표를 외우고 있었으니까. 100 이하에서 25개, 1,000 이하에서 168개, 1만 이하에서 1,229개, 10만 이하에서 9,592개…. 언뜻 보면 패턴이 없지만 '왕'이 될 사람답게 가우스는 눈치챘다. 거기에 로그라는 패턴이 있다고! Tip2 가우스를 매혹시킨 로그 참조

패턴 찾기는 수학의 근본

수학은 하나, 둘, 셋… 세는 행위가 근본이지만 거기 머물지 않는다. 패턴을 찾아야 한다. 벤포드 씨도 그랬고 가우스도 그랬다. 패턴을 찾는 것은 꽤 복잡했지만 패턴 찾기에 목말랐던 가우스는 그럴듯한 패턴을 하나 찾았고 대범하게 가설을 세운다. 로그와 나눗셈과 오차 범위가 나오는 수식이니 여기에 쓰지는 않겠다. 중요한 것은 패턴을 식으로 찾았다는 사실이다. 100년이 지난 뒤에 소년 가우스가 발견한 패턴이 옳다는 것이 증명되었다. 수학을 한다는 것은 패턴을 찾는 것이다. 수와 도형을 가지고 놀면서 패턴을 찾고, 왜 그런 패턴이 나오는지 밝히는 것은 수학의 근본이다. 가우스가 처음도 아니고 끝도 아니다. 패턴에 예민해지고 싶다면 수학 공부를 권한다고 했던 것도 이 때문이다. 비교적 간단한 예를 들어보겠다.

어찌어찌 하여, 1, 1+3, 1+3+5, 1+3+5+7, 1+3+5+7+9,

… 라고 수들을 늘어놓았다고 하자. 1부터 시작해서 홀수들만 나왔다. 그것들을 차례대로 더하는 것은 지겨운 일이다. 그것은 산수지, 수학은 아니다. 지겹지만 덧셈을 해서 앞에 나온 수들을 결과만 써 보겠다.

$$1, \quad 4, \quad 9, \quad 16, \quad 25, \cdots$$

패턴이 보이는가? 수에 익숙한 사람들은 패턴이 보이겠지만 그렇지 않은 사람들을 위해 살짝 바꿔서 쓴다.

$$1 \times 1, \quad 2 \times 2, \quad 3 \times 3, \quad 4 \times 4, \quad 5 \times 5, \cdots$$

자, 패턴이 분명해졌다. 즉 1부터 홀수들을 계속 더하는 단순 무식한 행위는 등장하는 홀수의 개수만 알아내 곱셈 한 번만 하면 되는 간단한 행위로 대체된 것이다. 그렇다면 1부터 1,999까지 홀수를 더하는 것도 간단하다. 1부터 1,999까지 홀수가 1,000개라는 사실만 추정하면 된다. 그래서 패턴을 모르면 밤새도록 지루하게 지속됐을 덧셈이 단 1분 만에 100만이라고 답이 나온다. 이런 쾌감을 맛본 사람은 패턴에 끌리지 않을 수 없다. 증명이 있으면 더 좋다. 쉬운 증명일수록 좋겠다. 다음 그림은 어떤가?

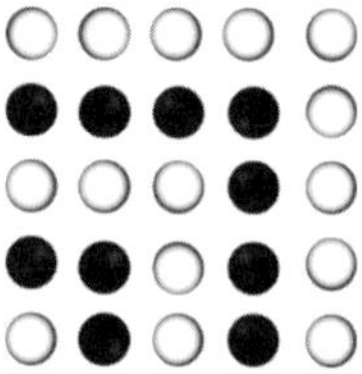

바둑알 1, 3, 5, 7, 9…개를 잘 배열하면 매번 정사각형 모양이 만들어진다. 그러니 홀수들의 합은 변 곱하기 변이 된다. 변은 홀수의 개수다. 1+3은 홀수가 2개, 1+3+5는 홀수가 3개…. 1부터 5까지만 그런 게 아니고 1부터 1,999까지만 그런 것도 아니다. 이 패턴은 언제 어디서든, 영원히 참이다. 홀수와 덧셈을 아는 외계인이 있다면 그 세계에서도 참이다. 그들도 이 패턴을 찾았을 것이고 어딘가에 유용하게 쓰고 있을 것이다. 나는 믿는다.

이쯤 되면 여기서 멈춰지지 않는다. 짝수만 차례대로 나열되는 경우는 어떨까? 2, 2+4, 2+4+6, 2+4+6+8, 2+4+6+8+10, …. 수의 열에 패턴이 없을 리 없다는 믿음이 어디선가 뭉게뭉게 생긴다. 아니나 다를까,

$$1\times2,\quad 2\times3,\quad 3\times4,\quad 4\times5,\quad 5\times6,\cdots$$

이 경우에는 바둑알을 잘 배열하면 직사각형 모양이 만들어진다.

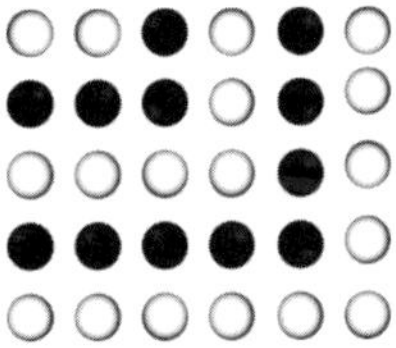

짧은 변보다 긴 변이 하나 많다. 이 패턴 또한 하늘이 무너져도 참이다. 이것을 활용해서 더욱 중요한 패턴도 찾을 수 있다.

$$1,\quad 1+2,\quad 1+2+3,\quad 1+2+3+4,\quad 1+2+3+4+5,\cdots$$

위의 숫자들은 짝수들의 합의 반이다. 그래서 다음과 같은 수식으로 표현할 수 있다.

$$\frac{1}{2}\times(1\times2),\ \frac{1}{2}\times(2\times3),\ \frac{1}{2}\times(3\times4),\ \frac{1}{2}\times(4\times5),\ \frac{1}{2}\times(5\times6),\cdots$$

일일이 더하는 것에 비하면 거저라 할 만큼 계산이 쉬워졌다.

$$1,\quad 3,\quad 6,\quad 10,\quad 15,\cdots$$

그래서 1부터 100까지 모두 더하면 $\frac{1}{2}\times(100\times101)$이고 답은 5,050이다.

더 놀라운 사실이 있다.

$$1^3,\ 1^3+2^3,\ 1^3+2^3+3^3,\ 1^3+2^3+3^3+4^3,\ 1^3+2^3+3^3+4^3+5^3, \cdots$$

이처럼 상당히 까다로운 계산의 결과도 단순한 패턴으로 나온다는 것이다. 지수 부분은 놔두고 아래 수만 보면 1, 1+2, 1+2+3, …이니까 이것들을 계산하면 아래 숫자로 나타낼 수 있다.

$$1,\quad 3,\quad 6,\quad 10,\quad 15, \cdots$$

이 숫자들을 제곱해보자.

$$1^2,\quad 3^2,\quad 6^2,\quad 10^2,\quad 15^2, \cdots$$

이는 1^3, 1^3+2^3, $1^3+2^3+3^3$, $1^3+2^3+3^3+4^3$, $1^3+2^3+3^3+4^3+5^3$, …와 같은 값이다. 어머나, 이렇게 단순한 패턴이?! 자연수에 왜 이런 일이 발생하는지는 잘 모르지만 어쨌든 존재하는 것은 분명하다. 수학 하는 사람들은 이렇듯 패턴에 반해 수학에 들어선다. 그러고는 숨겨진 패턴을 찾아 수의 세계를 방랑하고 모험한다.

유사 이래 수학 하는 사람들이 찾아낸 패턴을 여기서 계속 소개하면 패턴의 힘과 아름다움에 눈이 멀어 패턴 중독 증상이 생기지 않을까 걱정되어 이만 줄이기로 한다. 수학을 꼭 전문으로 하지 않는다 해도 패턴을 찾아 맞는지 틀리는지를 즐겨 확인하는 사람은 세상을 뭔가 다르게 볼 것 같다. 그 행위가 즉시 써먹을 직접적인 힘을 준다고는 말을 못하겠다. 그러나 패턴을 보는 취미를 붙이면 패턴들이 우리의 이성에 뭔가를 남길 것이다. 예를 들면 상대방을 지그시 바라보며 "그것은 아마도 거짓"이라고 말할 잔잔한 힘 같은 것 말이다.

Tip2 가우스를 매혹시킨 로그

로그라는 개념은 약 400년 전에 등장했다. 그때 망원경이라는 물건이 세상에 나왔고, 천문, 항해, 지도 제작을 비롯해 유럽 사회에서 계산할 일이 급격히 많아졌다. 아울러 다루는 수도 엄청나게 커지고 정밀해졌다. 지금 우리가 쓰는 0.1 같은 소수점 표기법이 체계를 잡고 널리 퍼진 것도 그 시기다.

숫자 표기만 혁신한 게 아니다. 셈에서도 혁신이 일어난다. 사람들은 곱셈과 나눗셈과 루트를 더 쉽게 계산할 방법을 찾았고 그중 핵심은 곱셈이었다. 유럽의 여러 나라에서 여러 사람이 여러 시도를 했지만 스코틀랜드의 귀족이었던 아마추어 수학자 존 네이피어John Napier가 제안하고 그 후계자들이 정립한 방법이 가장 좋았다.

그 이론에 따라 표를 하나 만들어두면(말을 너무 쉽게 했다. 네이피어는 표 하나를 만드는 데 20년을 보냈다) 곱셈을 덧셈으로 할 수 있게 된다. 무슨 말이냐고? 예를 들어 123456789×987654321을 계산한다고 하자. 그러면 표를 본다. 먼저 그 표에서 123456789에 표시된 숫자를 찾는다. 그것을 L(123456789)라고 하자. 그다음 표에서 987654321에 해당하는 L(987654321)을 찾는다. 그런 다음 (곱셈이 아니라) 그 수 둘을 덧셈한다!

$$L(123456789) + L(987654321)$$

마지막으로 표를 보고 그 결과에 대응하는 수를 찾는다. 그 값이 123456789×987654321이라는 곱셈의 결과다! 요약해서 그림으로 나타내면 이렇게 된다.

123456789	→	L(123456789)
×		+
987654321	→	L(987654321)
		↓
K	←	L(K)

L(123456789)… 값들이 정말로 무엇이냐는 어떤 기준으로 만든 표냐에 따라 결정된다. 그렇지만 어떤 기준을 적용하든 잘 만든 표라면 모든 표의 결과값 K는 거의 같다.

중요한 사실은 이것이다. 즉 곱셈이 '표 보기'와 '덧셈하기'로 바뀌었다는 그것! 게다가 나눗셈은 뺄셈으로 바뀌고 루트 셈도 아주 간단하게 바뀐다. 이 신통방통한 성질 덕분에 로그표는 급속도로 전 세계로, 큰 계산을 하는 사람 누구에게나 퍼져 나갔다. 1900년대 중후반 개인용 컴퓨터가 퍼지면서 로그표가 프로그램으로 내장되기 전까지 그랬다. 벤포드 씨만 로그표를 많이 본 게 아니다. 다만 손때로 패턴을 발견하고는 그 규칙을 수식으로 나타내고 증명한 사람이 벤포드 씨였다.

흥미롭게도 1로 시작하는 수의 확률인 P(1)은 $\log_{10}\left(1+\frac{1}{1}\right)$이고, 2로 시작하는 수의 확률인 P(2)은 $\log_{10}\left(1+\frac{1}{2}\right)$이고, 1부터 9 중 n으로 시작하는 수의 확률인 P(n)은 $\log_{10}\left(1+\frac{1}{n}\right)$로, 로그표 책의 손때에서 나온 법칙에도 로그가 있다. 이 기준으로 만든 표에서 찾으면 $\log_{10}\left(1+\frac{1}{1}\right)$의 값은 0.301 정도다. 그래서 1로 시작하는 수는 약 30%다. $\log_{10}\left(1+\frac{1}{2}\right)$은 0.176 정도라

약 17.6%다.

수학의 역사에서 로그는 계산을 돕는 데만 기여한 게 아니다. 로그 개념을 최초로 고안하고 평생 로그표를 만든 사람들이 하늘에서, 이후 300년 동안 로그가 수학에서 어떤 역할을 하는지 보았더라면, 아마 놀라서 기절했을 것이다.

누구도 예측하지 못한 로그의 응용 사례 중 하나가 바로 가우스가 소수의 개수를 예측한 그 대목이다. 어려서부터(시험에 나오니 외우라고 해서가 아니라) 재미 삼아 소수표와 로그표를 암기했던 청소년 가우스가 제시한 가설은 이것이다.

n보다 작은 소수의 개수는,

$$n \times \frac{1}{\log_e n}$$

정도다! 여기 e라는 수가 또 나왔다. 우리가 '할인'과 '소개팅'에서 만났던 그 신비한 수다.

예를 들면, 100보다 작은 소수의 개수는 $100 \times \frac{1}{\log_e 100}$ 인데, 이 e를 기준으로 만든 로그표를 참조해서, 결과를 예측하면 약 21.7 정도이고 실제로 100보다 작은 소수의 개수를 세면 25개다. 1억보다 작은 소수의 개수를 이 수식으로 예측하면 542만 8,681개인데, 실제로 세면 576만 1,455개다. 대단한 예측 능력을 가진 수식이다. 그리고 거기 로그가 우뚝 있다!

5장

‘우연’에도 등급이 있다

불확실성을 다스리는 확률과 통계

이스라엘 왕국의 솔로몬 왕이 아프리카 사바 왕국의 여왕을 찾아가 청혼을 한다. 위대한 사바 왕국의 여왕인 나에게 청혼이라니? 소문은 자자하던데 정말 똑똑할까? 어디 보자. 여왕은 문제를 3개 낸다. 그중 하나가 이것이다. 여기 똑같은 주머니 2개가 있다. 당신에게 금화 5개와 은화 5개를 주겠다. 당신은 그 주화들을 어느 주머니에 어떻게 넣어도 된다. 다만 주화 10개를 모두 써야 하고 주머니 하나에 적어도 주화 하나는 넣어야 한다. 그러면 눈을 가린 사람을 데려온다. 그 사람이 주머니 중 하나를 골라 주화를 하나 꺼내게 하겠다. 금화가 나오면 결혼을 승낙하고 우리 두 왕국은 하나가 될 것이요, 은화가 나오면 당신은 중벌을 받을 것이다. 위대한 사바 왕국을 대표하는 나를 멍청한 자가 찾아와 농락한 죄다. 자, 주화 10개를 받으시오.

문명과 원시를 나누는 기준

사바의 여왕이 값진 선물을 들고 고대 이스라엘을 찾아가 솔로몬 왕의 지혜를 시험했다는 이야기가 전해지긴 하지만 이건 완전히 지어낸 이야기다. 다만 질문은 유효하다. 당신이 솔로몬 왕이라면 어떻게 선택을 하겠는가? 영화를 보면 악당이 이런 행동을 잘한다. 주인공을 곤경에 빠뜨려놓고는 비웃으며, 행운을 만들어보라고, '혹시 살 수도 있지 않아?'라고 하면서 말이다. 영화 속에서 골탕을 먹은 주인공은 대개 몸부림을 치지, 차분히 생각하는 일은 드물다. 하지만 지금 우리가 할 수 있는 건 생각, 오로지 생각뿐.

이 상황이 난처한 이유는 무엇보다 우연 때문이다. 우리가 무엇을 선택하든 이 상황을 지배하는 것은 우연이고, 따라서 어떻게 선택하든 결과가 바뀔 것 같지 않다고 느낀다. 일단 생각이 거기에 이르면 선택지는 하나뿐이다. '에라 모르겠다'라며 대충 선택하고 행운을 바라는 것. 이것은 자포자기식 선택이다. 자포자기를 선택이라고 할 수 있다면 말이다. 해결책은 고사하고 도무지 상황을 보는 눈이 없다. 영화가 아니라면 사바의 여왕이 '똑똑한지 보기 위해' 질문을 했으니 더 나은 선택이 있을 거라는 사실을 눈치채야 한다. 뭔지는 모르겠지만 뭔가 있을 거라 생각한다면 반은 건너온 셈이다. 남은 반이 문제다.

상황을 찬찬히 다시 보자. 우연이 작용하는 것은 맞다. 남은 질문은 우연이 이 상황을 완전히 지배하는가, 아니면 내가 우연을 길들일 여지가 있는가, 그것이다. 어디, 생각을 모아보자…. 생각을 시작하니 질문이 꼬리를 문다. 우연이란 과연 있는가? 우리는 무엇을 우연이라고 받아들이나? 필연이 흰색이라면 우연은 검은색인가? 회색인 우연은 없나? 회색인 우연이라도 더 짙은 우연과 덜 짙은 우연이 있지 않을까? 기타 등등.

100년 전 철학자이자 인류학자 뤼시앵 레비브륄Lucien Lévy-Bruhl은 원시와 문명의 차이가 무엇인지 궁금해했다. 레비브륄이 살던 때는 생각하는 내용이 달라도 시대와 장소에 상관없이 인간이 생각하는 법칙 자체는 같다고 보는 것이 거의 공리로 여겨졌다. 레비브륄은 그 공리에 회의를 품고 소위 원시인의 사고 방식과 문명인의 사고 방식 사이에 건널 수 없는 강이 있다고 보았다. 무엇이 근본적 차이를 만들어낼까? 그가 찾은 것을 몇 줄로 요약하면 이렇다. 논리적인 사고 방식이냐, 맹목적인 사고 방식이냐, 그것이 문명성과 원시성을 가르는 기준이다. 또한 논리적 사고와 맹목적 사고를 나누는 핵심은 '우연' 개념이다. 즉 원시인에게는 우연이라는 개념이 없다. 원시인에게 모든 것은 필연이다. 예를 들어 누가 번개를 맞으면 신이 내린 벌을 받았다고 보는 것이다.

몇십 년이 지나 발달심리학자 장 피아제Jean Piaget는 이 논의를 어린아이의 사고 방식과 어른의 사고 방식의 차이로 확장하고 어린아이에게는 우연 개념이 없다는 사실을 밝혔다. 예를 들어 동전의 한 면만 반복해서 계속 나오도록 동전을 조작해서 아이를 속여도 어린아이는 놀라지 않는다. 그러고는 "요정이 그렇게 하는 거예요",

"동전은 앞면을 좋아해요"라는 식으로 답한다. 그러다가 조금 더 자라면 뭔가 이상하다고 느낀다. 더 자라면 분명히 속임수가 있다고 추정하고는 원인을 유추하고 인과관계를 따지며 논리적으로 생각한다. 이 과정에서 필연과 우연을 분별하기만 하는 게 아니라 우연에도 정도가 있다는 인식으로 자연스럽게 발달한다. 즉 솔로몬이 될 대로 되라는 식의 선택을 한다면 그것은 레비브륄 식으로 말해서 원시적인 행동이고, 피아제 식으로 말해서 어린아이의 행동인 것이다.

완전한 우연과 완전한 필연만 있는 게 아니라는 사실을 우리는 살아가면서 매일 느낀다. 빗길에는 사고가 더 많이 난다는 사실을 알기 때문에 미리 조심한다. 지진이 날 가능성을 반영해서 건축에 내구성 기준을 둔다. 사고가 아직 일어나지 않았다 해도 음주 운전을 못하게 미리 엄단하는 것도 그렇다. 나쁜 행동이 아직 일어나지는 않았지만 나쁜 행동을 하게 될 가능성이 높으니 미리 막겠다는 의도다. "이게 가능성이 더 높아", "저거는 한 30% 정도 가능성이 있어"라는 말은 우리도 매일 쓰지 않는가. 세계은행이 올해 경제성장률을 1%로 잡았다는 발표는 정도의 차이일 뿐, 내일 비가 올 가능성이 10%라고 하는 것과 다르지 않다. 그런 생각들을 거슬러 올라가면 결국 우연이란 게 있고 그 우연에는 정도가 있다는 인식에 가 닿게 된다. 인류의 문명은 어느새 어른스러워진 것이다.

유리하거나 불리하거나

우연을 선명하게 보기 위해 놀이 하나를 상상해보자. 이 놀이는 실제로 내가 어린아이들과 종종 하는 놀이다. 놀이의 규칙은 단순하다. 판을 하나 만들어 1부터 6까지 쓴다. 주사위 하나를 던져서 1이 나오면 1에 있던 말이 한 칸 전진하고 3이 나오면 3에 있던 말이 전진하는 식이다. 말이 전진해서 골인 선을 통과하면 그 수가 이긴다. 수업을 할 때는 3명이 한 조가 되어 놀이를 한다. 보통 여섯 조 정도가 하기 때문에 어떤 수가 이기는지 통계를 낼 수 있다. 그동안 내가 해본 거의 모든 경우에 1부터 6 중 특별히 좋은 수는 없었다. 어떤 수든 비슷한 횟수로 이긴다. 운이 작용하지만 균등하게 작용했다고 봐야 한다.

놀이 규칙을 조금 바꾸면 상황이 달라진다. 1부터 12까지 숫자를 적고 자기가 선택한 수에 말을 놓는다. 3명이 놀이를 한다면 한 사람당 숫자 4개를 골라서 자기가 선택한 수 앞에 말을 놓는다. 여기서는 주사위를 2개 던진다. 이게 중요한 변화다. 두 수를 더해서 그 수에 놓인 말이 전진한다. 가위바위보를 해서 이긴 사람이 수를 선택할 수 있다면 여러분은 어떤 수를 택하겠는가? '우연이 지배하니까 다 비슷하겠지'라고 생각하면서 아무 번호나 선택하면 오산이다. 여기서는 더 나쁜 수가 있고 더 좋은 수가 있다.

우선 가장 나쁜 수는 1이다. 주사위를 던졌을 때 나오는 두 수의 합이 1인 경우는 없으니, 1에 놓인 말은 한 발도 전진할 수 없기 때문이다. 항상 그런 것은 아니지만 대체로 6, 7, 8이 더 좋은 수다. 가령 아래 그림 같은 형태로 말이 놓인다. 그동안 이 놀이를 수백 번 했는데 전체 승리의 반 정도는 6, 7, 8이 차지했다. 이 놀이에서는 행운이 2보다 7에 더 깃든 것이다.

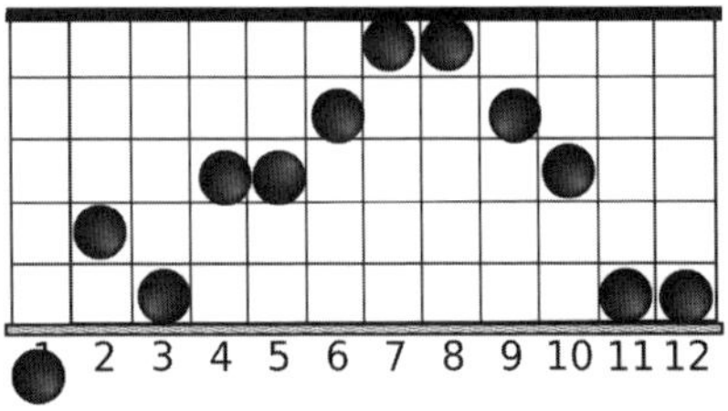

우연이 완전히 지배한다면 있을 수 없는 일이 벌어진 이유는 무엇일까? 간단하다. 우연이 세상을 완전히 지배하지 못하기 때문이다. 주사위 2개를 던져서 7을 만들 수 있는 방법은 1+6, 2+5, 3+4, 4+3, 5+2, 6+1로 여섯 가지나 된다. 그에 비해 주사위 2개를 던져서 2가 되는 방법은 1+1, 한 가지 경우밖에 없다. 그래서 가위바위보에서 이긴 사람이 수를 선택할 수 있다고 하면 6, 7, 8 중에 특히 7을 먼저 선택하는 게 유리하다. 아이들도 이를 금방 눈치챈다. 이 놀이를 처음 시작하면 가위바위보를 할 때도 시큰둥하고 아무 생각 없이 번호를 고르다가 놀이를 몇 번 하고 이런 원리를 터득하면 가위바위보에서 이기려고 눈에 불을 켠다(가위바위보에서 이기는 것은 어느 정도나 우연일까). 7을 선택했다고 꼭 이기는 것은 아니지만 이길 가능성이 높아지기는 한다. 실제로 놀이를 하면 할수록 7이 더 자주 이긴다. 그렇게 되겠지 했는데 현실에서도 그렇다. 우연에 눈이 달린 것도 아닌데 말이다. 우연이 개입해도 더 나은 선택은 있다!

우연이 작용하는 가운데에도 유리함과 불리함이 있다는 것까지 깨달으면 이제 문명인이자 어른으로 다 자란 셈이다. 거기서 한 발 전진하면 '똑똑한' 문명인이 된다. 일어날 일이 무엇인지 정하고 그 일이 얼마나 일어날지 생각해보는 게 출발이다. 주사위를 2개 던지는 놀이에서 1이나 13은 일어나지 않을 일이다. 2부터 12까지 모두 11개의 경우가 발생한다. 그 11개의 경우에서 우연의 정도가 얼마나 되는지 수로 부여해보자. 그러면 더 좋은 선택과 덜 좋은 선택으로 순서를 정할 수 있을 것 같다. 가능성을 봐야 하니까, 주사위 2개를 던져서 나올 수 있는 모든 경우를 고려하고, 어떤 합이 몇 번쯤 나오는지 보면 되겠다. 주사위를 2개 던지는 놀이에서 발생할 수 있는 모든 경우는 36가지다. 첫 번째 주사위에서 여섯 가지 경우가 발생하고, 각 경우마다 두 번째 주사위에서 여섯 가지 경우가 발생하기 때문이다.

그중 수 7이 일어날 경우는 여섯 가지다. 그래서 우리는 7이 일어날 확률은 전체 36개 경우 중 6개 경우라고 말한다. 더 간단하게 $\frac{6}{36}$ 또는 $\frac{1}{6}$ 또는 16.7% 정도다. 같은 방식으로 두 눈의 합이 6이 될 확률은 $\frac{5}{36}$ 또는 13.9% 정도다. 8도 마찬가지다. 그래서 4명이 놀이를 하는데 한 사람이 6, 7, 8을 모두 선점한다면 $\frac{(5+6+5)}{36}$여서, 일어날 수 있는 36개 경우 중 16개 경우를 선점하고 있는 것과 같다. 이 확률은 44.4%가 조금 넘는다. 문명인이고 어른이라면, 그리고 조금 똑똑하다면, 이 숫자를 보고 100번 중에 44번 정도는 그 사람이 이길 거라고 예상한다. 하지만 그것은 아직 벌어지지 않은 일이다. 주사위에는 눈이 없다. 뭐가 어떻게 될지는 모른다. 그런데 100번쯤 해보면 신기하게도 거의 그렇게 나온다. 이는 순전히 운에 따라 결정되는 듯한 우연성에 모종의 필연성이 작용한다는 말이고, 우리가 생각을 잘하고 선택하면 어느 정도는 운에 개입할 수 있다는 말이다.

주사위 2개를 던져서 나온 두 눈의 합이 7인 경우가 2인 경우보다 더 잘 일어날 것 같다는 믿음이 현실에서 그대로 일어난다니 멈칫하고 생각해보면 신기하다. 주사위에 마음이 있어서 우리의 생각을 읽고 잘 보이려고 맞춰주는 것도 아닐 텐데 말이다. 물론 주사위가 우리를 좋아해서 그런다고 받아들여도 된다. 글을 쓰다 보니 문득, 주사위와 사람의 사랑 이야기를 담은 동화 한 편이 머릿속을 스쳐 지나간다. 그러나 '생각하니 놀랍네' 하고 신기해한 우리는 동화를 그냥 뒤에 남겨두고 건조한 이야기를 계속 이어간다.

'7이 2보다 더 자주!'에서 우리는 '얼마나 더 자주?'까지 생각했다. 그 생각을 바탕으로 주사위를 던졌더니 그마저 현실에서 엇비슷하게 나왔다. 인과관계가 있으면 몰라도 우연이 지배하는데도 말이다. 세상에 어찌 이런 일이! 350년 전쯤 이렇게 놀랐던 사람들이 이 일을 꼼꼼히 들여다보기 시작했다. 그들은 세상에 무지와 확실만 있는 게 아니라 그 사이도 있다고, 그리고 그 현상을 수로 바꿔서 생각할 수도 있다고 결론 내렸다. 그리고 그것을 확실성의 정도, 즉 확률이라고 불렀다. 즉 확률은 어떤 일이 다른 일보다 얼마나 더 잘 일어날 수 있는지를 말해준다. 더 정확히 말하자면, 일어날 모든 일이 얼마나 되는지 계산해서 분모에 놓고, 그중에서 특정한 일이 얼마나 차지하는지 계산해서 분자에 놓았다. 그 분수를 계산해서 확률에 수를 부여하기로 했다. 예를 들어 동전을 던져서 앞이 나올 확률은 $\frac{1}{2}$로 쓰고 주사위를 던져서 1이 나올 확률은 $\frac{1}{6}$로 쓰기로 했다. 믿음의 문제가 수학의 알파벳인 수로 표현되는 역사적인 순간이었다. 더 나아가 지금은 '큰 수의 법칙'이라 불리는 성질을 수학의 언어로 증명했다. 그래서 이 증명을 믿는 사람은, 주사위든 동전이든 엄청 많이 던지면 확률이 현실에서 구현될 거라고 믿게 된다.

결국 쏟아진 딸기 우유

나도 그런 믿음을 가진 사람 중 하나다. 처음에는 나도 설마했지만 따져보고 증명을 받아들이니 생각이 바뀌었다. 생각만 바뀐 게 아니다. 성격도 조금씩 변해갔다. 나도 한때는 둥그런 성격의 소유자였으나 큰 수의 법칙에 대한 믿음이 들어서면서 점차 모난 성격으로 바뀌어가는 것이었다. 특히 지하철에서 이 못된 성격이 도진다. 공공장소에서 사적인 행동은 제한되기 마련인데, 음료를 들고 지하철을 타는 사람을 보면 불안해지고 짜증나는 것이다. '저러다 엎지를 텐데. 누군가는 엎지를 거야. 음료는 액체니까 서 있는 게 본성이 아니라 낮은 데로 임하는 게 본성이잖아. 쏟아질 확률이 있어. 조심하니까 드물겠지만 확률이 있어. 그게 중요해. 지금은 아니어도 언젠가는 엎지르는 상황이 나올 거라고. 아무도 엎지르지 않지만 반드시 누군가 엎지르지. 일어날 일은 일어나는 법이니까.'

반드시 누군가 음료를 엎지를 거라고 생각한 지 2~3년 만에 노심초사하던 그 일이 부산 지하철 2호선에서 일어났다. 젊은 여성 2명이 지하철에 탔다. 한 사람은 딸기 우유를, 한 사람은 커피 음료를 들고 있었다. 여행객인지 가방을 멨고 캐리어도 하나 끌고 있었다. 나는 2미터쯤 떨어진 좌석에 앉아 있다가 그들이 들어선 순간 큰 수의 법칙을 생각했다. 일부러 생각한 게 아니라 저절로, 연기처럼 생각이 일어났다. 하지만 그 일이 일어날 확률은 낮았다. 거기에 내가 그 일을 볼 확률까지 더하면 발생할 확률은 더더욱 낮을 것이기 때문에 애써 눈을 감고 딴 생각을 시작했고 서서히 잊어갔다. 그때 '꺅' 하고 비명소리가 났다. 나와 같은 쪽 의자에 앉은 사람들에게 딸기 우유가 쏟아졌다. "결혼식에 가는 길인데 옷에 이게 뭐냐" 하며 소리치는 사람, 자리에서 일어나 화장지를 꺼내 우유를 닦는 사람, 그냥 구경하는 사람, 우유를 쏟고는 어쩔 줄 몰라 당황한 사람….

내 심정은 아주 복잡했다. 딸기 우유에 당한 사람들이 안쓰러웠다. 결혼식에 가기 위해 정장을 곱게 차려입은 중년 여인이 특히 딱했다. 한편 음료가 진짜로 쏟아졌고 그것을 내가 보기까지 했으니 경이롭기도 했다. 오랜 숙원이 이뤄진 듯한 느낌도 있고, 앓던 이가 빠진 느낌도 있고…. 아무튼 심정이 어찌나 복잡했던지 얼굴은 일그러지는데 웃음이 나오려 했다. 참느라 힘들었다.

그로부터 2~3년 후에 나는 또다시 기차에 있다. 막힌 생각을 기차의 리듬으로 뚫으려고 장거리 완행 열차를 탄 것이다. 지금 나는 이 글을 준비하는 중이다. 즉 '우연, 확률, 선택' 또는 '될 일은 되기 마련'이라는 제목의 글을 생각한다. 한참 생각을 하고 메모를 하다 고개를 들어 지나가는 승무원을 보는데, 문득 내 옷이 승무원의 옷과 비슷하다는 걸 알아차렸다. '내 패션 감각이 유니폼과 비슷하다니 서글프다'라는 생각보다는 '그렇다면 누군가 나를 승무원으로 착각할 확률이 있지 않을까?'라는 생각이 먼저 들어 약간 설렜다. 그 확률이 어느 정도인지 미리 알 수는 없지만 가능성이 없지는 않아 보였다. 장난기가 발동했다. 그래서 실험에 들어갔다. 우연에 맞서 내가 이기면 이 단락을 넣고 내가 지면 이 단락은 없는 거야. 둘 중 하나야. 내가 통로를 왔다 갔다 하면 누군가 부르겠지. 승무원이라고 착각하고는 나를 불러서 무언가 물어볼 거야. 냉방기가 너무 차다든가, 표를 바꿔 달라든가. 뭐든, 그건 중요하지 않아. 그것까지 맞히는 것은 확률이 너무 낮거든. 그러니 일단 가능한 것부터 해보자.

그렇게 마음먹은 나는 기차를 처음부터 끝까지 두 번 왕복했다. 아무도 나를 세우지 않았다. 이런, 확률이 있는데 일어나지 않았네. 실패다. 하기야 모르긴 몰라도 확률이 그렇게 높지는 않을 거야. 일단은 물러섰다. 한 시간 뒤 다시 일어나 기차 안을 왕복했다. 또 실패했다. 종착지까지 30분쯤 남았을 때 한 번 더 도전했다. 느리게 걸으며 기차 안을 왕복하는데 드디어 1호차 객실의 입구 쪽에 있던 분이 지나가는 나에게 손을 들었다. 자판기가 있는 카페 칸에 대해 뭐라고 묻는 것 같았다. 사실 나는 승무원 흉내를 일부러 내지는 않았다. 그건 반칙이니까. 그래서 귀에 이어폰도 꽂은 채였다. 그 때문에 잘 들리지 않아 "네? 네?" 하며 겉으로는 귀를 대는 시늉을 했지만 속으로는 쾌재를 불렀다(잘 안 들린 것도 이어폰 때문이 아니라 내 안에서 나는 박수 소리 때문이었을 것이다). '그래 될 일은 되기 마련이야' 하면서.

과속 운전을 하든 음주 운전을 하든 둘 다를 하든, 운전을 그렇게 하는 사람들은 스스로 아무 문제 없다고 여기고, 실제로도 여러 번 무사했을 수 있다. 그러나 그들은 희귀한 사실을 일어날 수 없는 일로 착각하는 것뿐이다. 스스로를, 그리고 남을 속이는 중인 것이다. 언젠가 사고는 난다. 드물지만 일어난다. 그토록 드물다고 해도 번개에 맞아 죽는 사람이 나오고, 그보다 더 희귀하게는 로또에 당첨되는 사람도 나오지 않던가. 시간과 공간을 멀리 펼쳐놓고 보니 희귀해 보일 뿐, 그 일은 반드시 일어난다(지금 책 옆에 커피잔을 놓아둔 당신, 조심하라. 언젠가 한번은 쏟는다).

우연이니까 꼭 그런 건 아니라고? 1이 나올 확률은 $\frac{1}{6}$이니까 주사위를 600번 던지면 1이 100번 나와야 하지만 실제로는 50번밖에 안 나올 수도 있지 않느냐고? 오히려 100번이 나오는 게 드물지 않느냐고? 맞다. 사실 주사위를 600번 던져서 1이 정확히 100번 나오는 것이 매우 희귀한 사건이다.

그러나 1이 100번 근처 어디일 가능성은 매우 높다. 주사위를 600번 던졌는데 1이 50번밖에 안 나온다면 그게 이상한 것이다. 일단 참고 더 던져봐야 한다. 만약 6,000번을 던졌는데도 1이 또 500

번밖에 안 나온다면 거의 확신할 수 있다. 이 주사위는 '정상' 주사위가 아니라고 말이다. 이 주사위는 신뢰할 수 없다고 말하며 판을 뒤집든가 주사위를 쓰레기통에 던져야 한다. 실제로 도박장에서 주사위의 눈을 표시할 때 홈의 크기를 미묘하게 조정하거나 모서리를 눈에 띄지 않게 조정하기도 한단다. 도박을 하는 사람 하나하나는 그런 사실을 알 수 없다. 그렇게 많이 던지지는 않으니까. 우연이 세상을 지배한다고 생각해버리니까. 그러나 그 주사위를 아주 많이 사용하게 되면 조정한 값에 가깝게 나올 수밖에 없다. 우연이 세상을 다스린다 해도 혼자서 지배할 수는 없으니까.

주사위의 조작을 더 확신하고 싶으면, 즉 주사위를 쓰레기통에 던져버리려는 내 판단의 신뢰도를 더 높이고 싶으면, 더 던져보면 된다. 이것이 바로 여론조사를 발표할 때 많이 나오는 그 말이다. 신뢰도 95%라는 말은 95%를 믿을 정도로 확인했다는 뜻이다. 그래서 여론조사에서 신뢰도 95%로 A씨의 지지율이 50%라고 말하는 것은, 'A씨에 대한 지지가 50%라는 저 말이 100번 중 95번 맞을 정도로 조사했다'는 의미다. 신뢰도를 높이려면 더 많은 사람에게 더 치밀하게 물어야 하지만 비용이 많이 드니 그 정도로 조사한 것이다.

우연 속에서 확실성 계산하기

그래서 통계를 내는 사람들의 책무가 막중하다. 세상일은 주사위 같지 않기 때문이다. 동전을 던져 앞면이 나올 확률은 $\frac{1}{2}$이고 주사위를 던져 1이 나올 확률은 $\frac{1}{6}$이라고 말할 수 있는 까닭은 분명하다. 속임수가 없는 동전에는 앞면과 뒷면밖에 없고 하늘은 앞면과 뒷면을 고루 사랑하기 때문이다. 속임수가 없는 주사위의 여섯 면은 정육면체에 가까워 어디에도 치우침이 없기 때문이다. 그것을 우리가 믿기 때문에 확률을 도출할 수 있다. 그리고 놀랍게도 그 확률은 동전이나 주사위를 많이 던져볼수록 현실에서 실현된다. 국가도 수에 대한 그런 믿음으로 확률을 결정하고, 그런 확률에 근거해 복권 한 장의 가격과 당첨금을 결정한다.

그러나 음주 운전으로 사고가 날 확률, 비구름 상태에서 비가 올 확률, 증상을 보고 병을 진단할 확률, 병의 위중을 보고 사망을 예측할 확률에는 통계가 필요하다. 충분히 알아보고 나서야 확률을 알게 되는 것이다. 그래서 사망 비율을 예측해서 보험료와 지급액을 결정하는 보험 회사는 통계에 목을 맨다. 병을 진단하고 치료를 하는 것도 마찬가지다. 경제 상황을 다루는 것도 통계에 기댈 수밖에 없다. 통계에 따라 확률이 나오고 확률은 믿음의 정도가 된다. 또한 그 믿음은 현실에서 실현된다. 상황이 이러하니 통계의 책무는 막중하고 통계를 속이는 죄는 엄중하다. 칼을 들이댄 범죄가 아니라 무능과 숫자 조작일 뿐이라고 가볍게 봐서는 안 된다. 2018년 수능 시험 일자를 바꾸게 한 포항 지진의 원인은 지열 발전소를 짓겠다고 마구 밀어넣은 물이었다. 숫자로 장난치는 사람들의 죄도 그와 비슷하다. 선량한 믿음을 간접적이지만 광범위하게 흔드니 그 행위는 중

벌에 처해야 한다. 통촉하소서!

아, 흥분했다. 마음을 가라앉히기 위해 난처한 지경에 빠진 우리의 솔로몬에게 눈을 돌리겠다. 일어날 일은 일어나기 마련이고 세상은 불확실하지만 거기에도 정도가 있다는 사실을 솔로몬이 잘 알고 있다고 가정한다. 그렇지 않다면 어떻게 그를 지혜롭다고 하겠는가? 솔로몬은 생각할 것이다. 우연이 완전히 나를 지배하지는 않아. 지금 내가 뭔가 해볼 게 있을 거야. 우연이 작용한다고 해서 될 대로 되라고 손을 놓을 수는 없어.

좋다. 역시 똑똑하다. 다만 사바의 여왕이 바라는 만큼 똑똑하기 위해서는 그 정도로 안 된다. 확실성의 정도를 더 분명하게 알아내야 한다. 어떻게 해야 하는지 정확히 모르겠으니 일단 몸풀기부터 해보자. 주머니 A에 금화 2개와 은화 3개를, 주머니 B에 금화 3개와 은화 2개를 넣어본다. 이 선택은 좋을까? 아니다. '좋다, 나쁘다'가 아니라, '어느 정도 좋고 어느 정도 나쁠까'라고 질문하는 게 똑똑한 것이다.

일단 주머니를 선택하자. 그리고 주머니는 A든 B든 전혀 다르지 않다. 동전 던지기와 같다. 그래서 둘 다 확률은 $\frac{1}{2}$이다. 선택된 주머니가 A라고 해보자. 확률 $\frac{1}{2}$ '중에서' 5개의 주화 가운데 2개가 금화다. 좋은 쪽이 걸릴 확률이 $\frac{2}{5}$인 것이다. 그래서 주머니 A가 우연히 선택될 때, 우연히 금화가 나올 확률은 $\frac{1}{2}\times\frac{2}{5}$다. 주머니 B가 선택되면 그중에서 금화가 뽑힐 확률은 $\frac{3}{5}$이다. 그러니 확률은 $\frac{1}{2}\times\frac{3}{5}$이다. 그림과 같이 표시하면 잘 보인다.

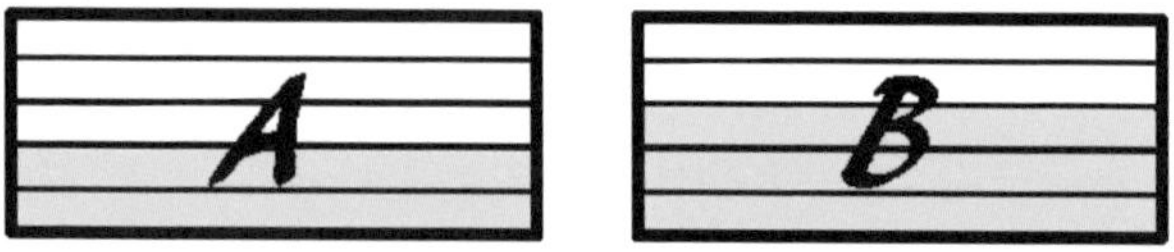

주머니 A가 선택될 확률은 $\frac{1}{2}$이고 그중 금화가 걸릴 확률은 $\frac{2}{5}$니까 넓이 $\frac{1}{2}$의 $\frac{2}{5}$배다. 그림으로는 왼쪽의 색칠한 부분이고 수로는 $\frac{1}{2} \times \frac{2}{5}$라고 표현된다. 주머니 B도 마찬가지다. 그래서 우리의 솔로몬에게 좋은 일이 일어날 가능성을 넓이로 표시하면 양쪽 모두에 있는 색칠한 만큼이다. 즉 다음과 같다.

$$\left(\frac{1}{2} \times \frac{2}{5}\right) + \left(\frac{1}{2} \times \frac{3}{5}\right)$$

그림에서 보다시피 결국 $\frac{1}{2}$만큼이다. 좋은 일이 있거나 나쁜 일이 있거나, 반반이라는 말이다.

주머니 A에 금화 2개와 은화 3개를 넣든, 주머니 B에 금화 2개와 은화 3개를 넣든, 아무 차이가 없다. 그런데도 A에 금화 2개와 은화 3개를 넣어서 '우연히' 벌을 받은 사람에게 다른 선택을 해보라고 하면 A에 금화 3개와 은화 2개를 넣는 선택을 한다. 한 번만 더 생각하면 아무 차이가 없다는 것을 알 수 있는데도 말이다! 아이나 어른이나 할 것 없이 상당히 많은 사람이 그렇게 한다.

선택하는 사람에게는 주머니가 중요한 모양이지만 우연을 관장하는 하늘의 관점에서는 A든 B든 주머니는 같다. 그것도 완전히 같다. 그런데도 주관적으로 한쪽 주머니를 더 좋게 보려는 경향이 있다. 공평 무사한 하늘의 관점에서 봐야 하는데도 말이다. 그런 면에서 보면 우연을 받아들이고 확률을 계산하는 것은 신에게 조금 가까이 다가가는 행위다!

그나저나 기껏 선택했더니 확률이 $\frac{1}{2}$이었다. 우연이 완전히 지배하는 거랑 아무 차이가 없다? 그냥 아무것도 하지 말걸 그랬나? 아직 몸 풀기일 뿐이니까, 다르게 선택해보자. 주머니 A에는 금화만 넣고 주머니 B에는 은화만 넣는다. 그러면 다음과 같다.

$$\left(\frac{1}{2}\times\frac{5}{5}\right)+\left(\frac{1}{2}\times\frac{0}{5}\right)$$

또 $\frac{1}{2}$이다. 어라? 어떻게 선택하든 $\frac{1}{2}$인가? 성급하게 결론 내지 말고 아무 선택이나 더 해보겠다. 이번에는 A에 금화 2개, 은화 4개를 넣는다. 그러면 계산식은 다음과 같다.

$$\left(\frac{1}{2}\times\frac{2}{6}\right)+\left(\frac{1}{2}\times\frac{3}{4}\right)$$

계산 결과는 $\frac{13}{24}$이니 $\frac{12}{24}$인 $\frac{1}{2}$을 살짝 넘는다. 그렇다. 꼭 $\frac{1}{2}$인 것은 아니다. 아주 작은 차이지만 좋은 일이 일어날 가능성을 조금 높였다. 이 선택이 앞의 선택들보다 조금 유리하다. 그러나 기껏 $\frac{13}{24}$과 $\frac{12}{24}$의 차이이니 조금이라도 너무 조금이다. 더 좋은 방법은 없을까?

더 좋은 선택은 가능하다

수업을 하면서 여러 번 이 놀이를 해봤다. 각자 주사위나 동전이나 난수표를 써서 우연이 주머니와 주화를 선택하게 한다. 그 결과를 칠판에 적어 모두 공유한다. 이어서 이 과정을 반복한다. 놀이에 참여한 사람들은 희한하게도 처음에는 금화를 절반씩 나눠서 배분한다. 대부분이 말이다. 평균 본능 같은 것이 작용하는 듯하다. 총 10번쯤 한다. 사이사이에 내가 다르게 선택해보자고 독려한다. 최종 결과를 칠판에 쓴다. 통계를 내어본 것이다. 한 사람이 10번쯤 하고 보통 20명 정도가 참여하니까 선택이 200개가 나온다. 꽤 많은 양이고 통계로서 가치가 있다.

이렇게 여러 번 놀이를 하다 보면 그중에서 '어떤' 선택을 할 때 더 좋은 일이 일어난다. 눈치 빠른 사람은 번쩍 뭔가를 느낀다. 그게 나오면 나는 슬쩍 그 선택을 띄운다. 물론 답을 말하지는 않는다. 그저 다시 한번 10번씩 해보자고 한다. 그러면 꽤 많은 사람이 통계상 가장 좋은 선택으로 전향한다. 번쩍 뭔가를 느낀 사람과 그쪽으로 전향한 사람들이 계산을 통해 최적 이론을 도출한 것은 아니다. 보통은 자신의 감으로 한다. 그래서 그 선택이 승리로 귀결되지 않으면 선택을 바꾸기도 한다. 게다가 통계상 가장 좋은 선택과 이론상 가장 좋은 선택이 꼭 같지도 않다. 처음 10번을 할 때 이론상 가장 좋은 게 안 나왔을 수도 있고 이론상 가장 좋은 게 좋은 결과를 더 많이 낸다는 보장도 없다. 어쨌든 우연이 입김을 불어넣고 있으니까 말이다.

추가로 10번을 할 때, 이론상 가장 좋은 선택을 한 사람이 많아지면서 데이터가 쌓이면 상황이 달라진다. 이론상 가장 좋은 선택이 다른 모든 선택들을 따라잡기 시작한다. 이 놀이를 끝낼 때는 이론상 최선의 선택과 이론상 최악의 선택만 해서 몇 번 더 해본다. 그러면 확연히 차이가 드러난다. 즉 우연이 지배하는 세상이지만, 우연은 우리를 완전히 지배하지 못한다. 우리의 선택이 행운을 향해 손짓하고 행운은 그 손짓에 미소로 답한다. 자, 그렇다면 최선과 최악의 선택은 무엇일까? 여러분에게 행운이 따르길 빈다.Tip3 최선을 선택하는 방법 참조

우리는 갈수록 불확실한 사회에 산다. 인구가 급증했고 생활 방식이 다양해졌으며 삶의 변화 속도가 빨라졌기 때문이다. 불확실성이 높아진 사회에서는 인과관계가 희미해지고 우연의 장악력이 높아진다. 될 대로 되라는 식으로 생각하기 쉽다. 그런 사람들을 파고드는 속임수의 가장 흔한 유형이 '내가 다 안다'라는 태도다.

현대의 주식시장은 복잡성이 너무 커져서, 특별한 정보력이 없거나 금융 지식이 충분하지 않으면 거의 우연이 지배한다고 봐야 하는 세계다. 그런데 그 세계에서 정보력이나 금융 지식을 충분히 갖지 않은 게 분명한데 '나는 다 안다'고 속이는 사람이 있다. 그런 사람을 방송에서 홍보해주면 사람들이 우르르 따라간다. 그러다 폭삭 망하는 일이 잊을 만하면 한 번씩 발생한다. 주식만 그런 게 아니다. 지금도 어디선가 기술자들이 '될 대로 되라'고 생각하는 사람들의 마음

속으로 들어갈 '나는 다 안다'를 기획하고 있으리라.

그들을 경계해야 한다. 하지만 '완전한 우연이다. 그래서 될 대로 되라'는 생각도 경계해야 한다. 세상은 복잡하고 그럴수록 우연의 지배력은 높아지지만 어떤 우연이든 잘 들여다보면 그 안에는 정도의 차라는 게 있다. 그 미세한 차이에 눈을 뜨는 것은 미세한 차이를 볼 줄 아는 심미안과 비슷하다. 확률의 세계이므로 항상이라고 말할 수는 없지만 행운을 부르는 선택은 있다. 그렇다. 더 좋은 선택은 있다. 그리고 멈춰서 가만히 생각을 하면 더 좋은 선택을 할 수 있다. 그리고 더 좋은 선택은 더 좋은 일을 부른다.

에밀리 디킨슨의 시 한 편이 내 앞에 있다. 책을 준비하는 동안에 이 시를 만났다. 행운이 나를 이 시로 이끌었다. 정말 우연히(확률은 계산해보지 않았다)! 여러분과 이 행운을 나누고 싶다. 시의 앞부분이다.

행운은 우연이 아니야 Luck is not chance —

그건 노고 It's Toil —

행운의 여신의 값비싼 미소는 Fortune's expensive smile

버는 거라고 Is earned —

Tip3 최선을 선택하는 방법

실제로 어떻게 될지 미래의 일은 모르지만, 솔로몬이 최선을 다하는 길은 무엇일까? 최선으로 선택하는 경우와 최악으로 선택하는 경우를 따져보자. 주머니 A에 금화 2개와 은화 3개를 넣고 주머니 B에 금화 3개를 가진 경우를 상기하는 것으로 이야기를 시작한다. 그림으로 그리면 이것이었다.

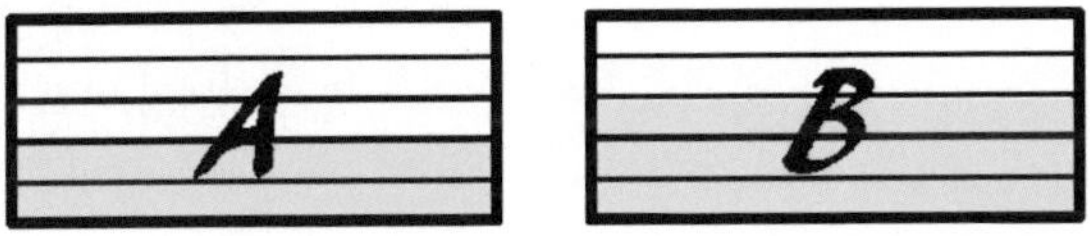

이 그림을 잘 보자. 질문이 2개 있다. 그중 첫 번째 질문. A와 B 주머니의 크기가 같은 이유는 무엇인가? 답, 주머니는 2개이고, 둘 중 하나를 고를 확률은 반반으로 같기 때문이다. 바로 이 사실, 즉 주머니가 2개 있고, 두 주머니 중 하나를 먼저 고른다는 사실에 주목해야 한다.

이 그림을 보며, 두 번째 질문. 주머니 A와 주머니 B를 다섯 칸으로 쪼갠 이유는 무엇인가? 답, 두 주머니에 주화가 5개씩 들어 있기 때문이다. 색깔은 금화의 개수를 반영한다. 주머니 A 안에 들어 있는 5개의 주화 중 2개가 금화이므로 확률은 $\frac{2}{5}$이지만, 그것은 $\frac{1}{2}$의 확률로 주머니 'A를 고르는 조건'에서 그렇기 때문에 $\left(\frac{1}{2}\times\frac{2}{5}\right)$였다. 이것은 주머니 A를 고를 확률 $\frac{1}{2}$ 중 일부, 더 정확히 말하면 40%만 좋은 선택이라는 뜻이다.

그런데 주머니를 일단 고르면 그 안에 있는 주화를 하나는 꺼내야 한다는 사실을 곰곰 생각하며, 주머니 A에 주화가 하나만 들어 있다면 어떻게 될까 질문해보자. 혹시 그 주화가 금화라면? 답, 그렇다면 A 주머니를 고르는 확률 $\frac{1}{2}$의 일부가 아니라 전체가 모두 좋은 선택이 된다. 주화는 모두 써야 하므로 남은 금화 4개와 은화 5개는 주머니 B에 넣어야 한다. 이 경우를 그림으로 나타내면 이렇다.

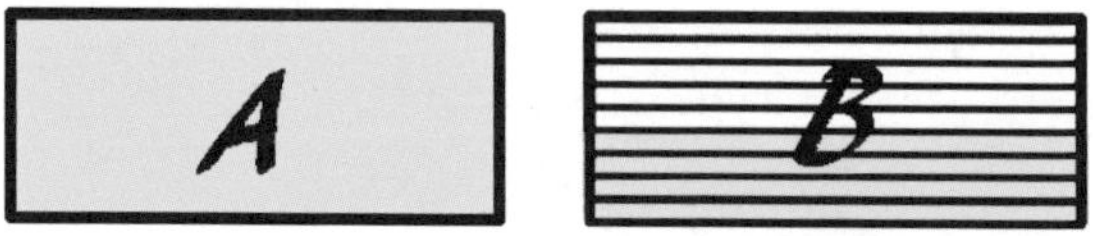

주머니 하나가 선택될 확률 $\frac{1}{2}$은 모두 좋은 선택이 되고 다른 주머니에서는 9개 중 4만 좋다. 그래서 확률을 계산하면,

$$\left(\frac{1}{2} \times \frac{1}{1}\right) + \left(\frac{1}{2} \times \frac{4}{9}\right)$$

즉 $\frac{13}{18}$이 되고 이를 소수점으로 나타내면 무려 0.722222…다. 솔로몬이 '부른' 행운은 72%가 넘는다.

반대로 주머니 하나에 은화를 넣는다면? 물론 그 경우는 주머니 하나의 확률 $\frac{1}{2}$을 모두 포기하는 셈이다. 주머니 B에서 좋을 수 있는 확률을 약간 높였지만 그것은 아홉 조각 중 하나를 높인 것이라 좋은 선택을 그다지 높이지 못한다. 그림으로는 아래와 같다.

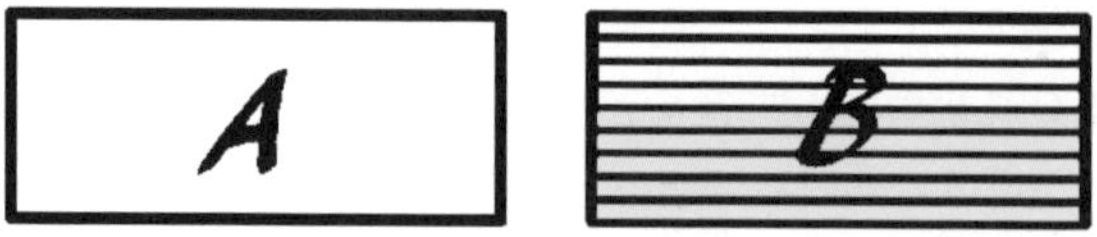

정확하게 수로 나타내면,

$$\left(\frac{1}{2} \times 0\right) + \left(\frac{1}{2} \times \frac{5}{9}\right)$$

고작 $\frac{5}{18}$ 또는 0.27777…이다. 28%가 채 안 된다.

주머니 하나에 금화 하나, 다른 주머니에 나머지 주화 모두를 넣는 것이 왜 최선의 선택이고, 주머니 하나에 은화 하나, 다른 주머니에 나머지 주화 모두를 넣는 것이 왜 최악의 선택인지, 그것까지 굳이 말하는 것은 중언부언일 것 같다. 현명한 독자 여러분께서 이미 느낌으로 아실 것 같아 설명은 여기서 멈추는 게 좋겠다.

6장

'고작'과 '무려' 사이

착시와 착각의 함정에서 벗어나기

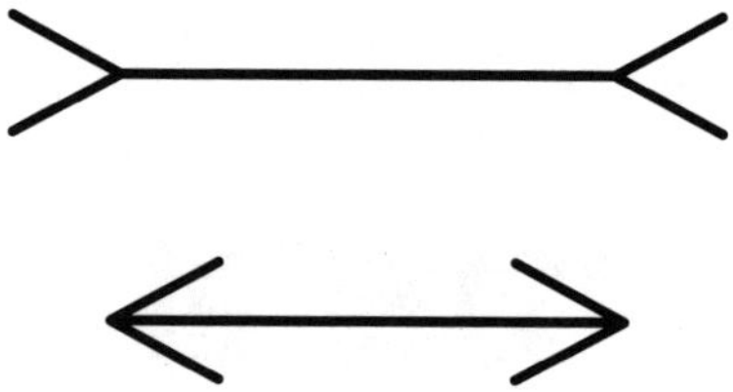

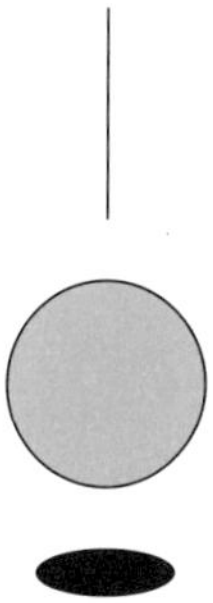

130년 전 독일에서 의사이자 심리학자이자 사회학자인 뮐러라이어Müller-Lyer가 이상한 그림들이 있는 논문을 들고 나왔다. 눈이 착각을 일으킨다는 증거들이었다. 감각이 착각할 수 있겠지 하는 막연한 추측이 아니라, 감각이 무엇을 어떻게 착각하는지 밝힌 것이었다. 논문에는 직선과 곡선을 활용한 여러 증거들이 나오는데 그중 가장 유명한 그림은 이것이다.

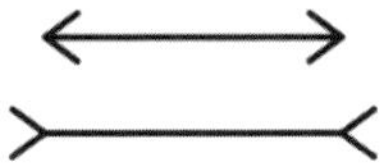

몸통인 선분만 그려놓으면 위나 아래나 같은 길이로 보이는데 머리와 꼬리를 붙이면 몸통의 길이가 다르게 보인다. 몸통에 집중해 보라고 해도 소용없고, 몸통만 보여준 다음 머리와 꼬리를 달고 보여줘도 소용없다. 눈을 부릅뜨고 봐도 감각은 속절없이 속는다. 이 증거는 더없이 단순하고 그래서 더 강력하다. 응용하기도 좋다. 그래서 수많은 착시 예시들이 뒤이어 나왔다. 가만히 있을 수 없어서 나도 그려봤다. 그중 하나다. ⊥ 모양은 언뜻 세로가 가로보다 더 길어 보인다. 그러나 아래 그림으로 보다시피 가로와 세로의 길이는 같다.

하나 더 그려봤다. 펼친 아코디언 같다. 뮐러-라이어 착시 사례를 모아 머리 꼬리의 벌어진 각도를 단계별로 바꿔본 것이다.

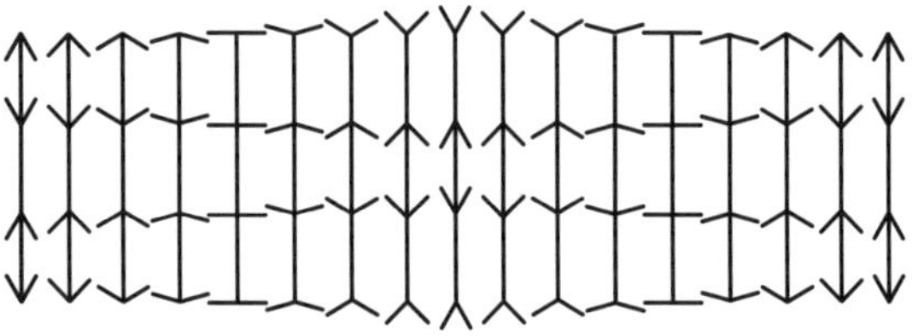

각 마디의 길이가 짧아졌다 길어지는 것 같지만 사실은 그대로다. 착각의 원인은 무엇일까? 원래 그림 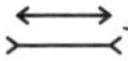을 이렇게 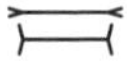 바꿔 보거나 위 그림을 이렇게 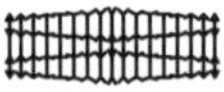 줄여서 보노라면 그 원인을 알 것도 같은데 그건 앞뒤 모르는 나의 용맹일 뿐이어서, 이쪽 전문 연구자들에게 귀를 대봤다…. 하지만 수십 년째 설왕설래다.

어떤 연구는 직선과 직각을 많이 보고 사는 문명인과 그렇지 않은 원주민의 착시 정도가 다르다는 사실을 밝히고는 사람이 사는 환경이 착시의 원인이라고 결론을 내렸다. 다른 연구에서는 환경이 문제가 아니라 인종마다 시각 기관이 다른 데서 착시가 비롯되었다고 결론을 내렸다. 또 다른 연구에서는 환경적 원인과 생물학적 원인이 섞여 있다고도 보았다.

그게 뭐냐고 지레 실망하지는 말자. 지금도 연구가 이어지는 모양이니까. 그렇다고 "아직도?"라며 답답해하지도 말자. 이 단순한 예시 하나 덕분에 사람은 사람에 대하여 많은 것을 알게 되었고 앞으로도 더 알아가게 될 테니까. 정확한 원인이 무엇이든 사람의 감각에는 착각하는 본능이 있는 것 같다. 세상을 있는 그대로 못 보는 본능 말이다. 착각 본능이라고나 할까?

본다는 것은 해석이다

그런데 문득 이런 질문이 떠오른다. 혹시 머리와 꼬리를 달면 정말로 몸통의 길이가 변하는 것은 아닐까? 길이가 같은 몸통이 2개 있을 때 그 끝에 머리와 꼬리를 다는 행위가 몸통의 길이를 바꾸는 것이 아니라 바꾼 것처럼 보이게 하는 것일 뿐이라고, 단지 우리 스스로 속는 것일 뿐이라고 말할 근거는 무엇일까? "당연히 몸통은 그대로지"라고 말하면 곤란하다. 우리의 직관이 허망하게 속는 걸 이미 보지 않았던가? 몸통의 길이 자체가 변하지 않았다면 다르게 보이는 게 이상하고, 정말로 몸통의 길이가 변했다면 그것도 이상하다. 난처한 상황이다.

어린아이가 우리에게 답을 줄 수 있을 것 같다. 뮐러라이어 이후 50년쯤 지나서 등장한 그림을 보자. 세 살쯤 된 아이 앞에 막대 2개를 이렇게 나란히 놓고 길이가 같은지를 묻는다. 아이는 같다고 한다. 그런데 아래 막대를 이동하여 이렇게 배열하면 착각이 일어나 다르다고 답한다(대체로 아래 있는 게 더 길다고 한다). 한 아이만 그러는 게 아니라 또래 아이들이 모두 그렇게 말한다. 다른 그림도 있다. 끈 하나를 가져와 왼쪽 그림처럼 한 지점(B)에 고정된 막대에 걸고 직각으로 굽힌다. 거기에서 A를 가리키면서 질문한다. 여기를 위로 쭉 잡아당기면 어떻게 될까?

세 살 반인 아이는 AB쪽을 가리키면서 "여기가 커져요"라고 한다. 똑똑하다. 어른이 BC 부분을 가리키면서 "그럼 여기는?" 하고 물으면 아이는 거기를 손가락으로 가리키면서 "여기는 작아져요"라고 답한다. 정말 똑똑하다. 자, 해볼까? 정말 그런지 아이에게 보여준다. 정말 그렇게 된다. 어떻게 안 될 수 있겠는가? 예상한 게 맞았으니 아이도 흡족해한다. 그런데 이어서 전체 끈을 가리키며 "자, 그럼 이건 아까와 길이가 같을까?"라고 물으면 뜻밖의 사건이 발생한다. 아이가 "아니요. 더 짧아졌어요"라고 답하는 것이다. 그러고는 그렇게 당연한 걸 묻느냐는 듯이 쳐다본다. 똑똑하던 아이가 갑자기 바보가 되기라도 한 것일까? 착각 본능이 갑자기 샘솟았나?

그럴 리 없다. 비슷한 또래인 세상의 모든 아이가 다 똑같이 답하는데, 질문 하나에 세상의 모든 아이가 갑자기 바보가 될 리는 없지 않은가? 그것보다는 아이 눈에 그렇게 보이는 것이라고 이해하는 편이 타당하다.

사실 '본다'라는 행위는 단순히 눈으로 본다는 것만을 의미하지는 않는다. 본다는 것에는 보고 해석하고 구성하는 과정이 개입한다. 그 모든 것의 총체가 바로 '본다'다. 그런 의미에서 아이는 왼쪽 그림에서 끈을 끌어올려 오른쪽 그림이 되면 끈의 전체 길이가 바뀌는 것으로 '본다'. 잡아당기는 행위만으로 길이는 바뀌지 않는다고 가르쳐도 소용없다. 아무리 잘 가르쳐도 소용없다. '잘' 가르치려고 애쓰는 게 오히려 '나쁜' 결과를 초래할 수도 있다. 그럼 어떻게 할까? 걱정하지 않아도 된다. 아이의 '관점'을 받아들이고 기다리면 된다. 세월이 흐르며 아이의 지성은 '어른답게' 발달할 테니까.

때가 되면 아이는 모양을 바꾼다고 해서 길이가 변하지는 않는다는 사실을 깨닫는다. 그것도 스스로 깨닫는다. 누가 가르쳐줘서가 아니라 스스로 받아들이는 그때 깨닫는다. 한 번에 이루어지는 게 아니라 몇 단계를 거쳐 스스로를 재조직하며 알아간다. 깨달을 때가 되면 깨닫는다. 지금껏 존재했던 모든 아이들이 그랬고 앞으로 존재할 모든 아이들도 그럴 것이다. 이것이 이런 일련의 실험들을 고안한 심리학자 장 피아제의 주장이다. 피아제는 1940년경부터 수십 년 동안 수, 양, 공간, 길이, 각, 논리, 확률, 집합과 같은 다양한 수학 개념들을 어린아이가 받아들일 때, 이와 유사한 현상들이 있다는 사실을 발견하고 원인을 분석하여 그 결론에 도달했고 십수 권의 책을 발표하여 인식론과 교육론에 크게 영향을 주었다.

이 결론을 우리가 던진 질문, '몸통의 길이가 같은 두 직선에 머리와 꼬리를 달면 혹시 몸통의 길이가 변하지 않나?'라는 질문에 넣어보자. 그러면 일단 답 하나가 나온다. 몸통의 길이는 변하지 않았다고. 단지 우리의 눈이 우리를 속이는 것이라고. 위치나 모양을 바꾼다고 길이가 변하는 것은 아니라고. 불변성이라는 게 있다고. 여기서는 몸통의 길이가 그것이라고 말이다. 너무나 당연한 질문에 너무나 복잡한 답을 한 것처럼 보이지만 의미 있는 교훈이 드러났다. 눈이 우리를 속일 때 우리는 논리로 그 속임수를 알아차린다는 사실 말이다. 그렇다. 우리에게는 이성의 눈이라는 제2의 눈이 있다.

착시를 교정하는 이성

우리는 어른으로 크면서 그런 불변성을 믿게 되었다(또는 불변성을 믿게 되면서 어른이 되었다). 여기서 한발 더 전진할 수 있다. 자를 대보는 방법이다. 측정이라는 보조 행위를 통해 몸통의 길이가 변하지 않았음을 확인하자는 뜻이다. 우리를 속이는 감각 밖에 있는 객관적인 제3의 기구인 자를 가져온다. 몸통 길이 하나에 자를 대본 다음 다른 몸통 길이에도 자를 대서 두 길이가 같은지 본다. 명확해

보인다. 생각하고 말 것도 없을 것 같다. 그러나 이 뻔한 행위에도 믿음과 논리가 작동한다. 첫 번째 몸통 길이에서 자를 들어 옮기는 동안 자가 늘어나거나 줄지 않았다는 믿음이 있어야 한다. 그리고 '첫 번째 몸통 길이 = 자 길이', '자 길이 = 두 번째 몸통 길이'라는 두 전제에서 '첫 번째 몸통 길이 = 두 번째 몸통 길이'라는 세 번째 문장으로 가야 한다. 우리 자신도 모르게 순식간에 결론을 내기 때문에 그것을 깨닫지 못할 뿐이다. 그런 믿음과 논리의 결과로 자를 대면서 몸통의 길이는 수로 전환되어, 예를 들어 10cm라고 표현된다. 게다가 측정 행위에는 계산 행위가 동반되기 마련이다. 뮐러라이어의 그림을 한데 모은 그림 에서 큰 것을 3등분한다면 뺄셈이나 나눗셈이, 작은 것을 보태서 큰 것을 만들었다면 덧셈이나 곱셈이 참여한다. 측정하고 계산하면서 우리는 착각 본능을 이성으로 교정한다.

이상을 종합하면, 착각을 극복하는 방법으로 수와 친해지기가 있다는 결론에 도달한다. 그게 말처럼 쉽지는 않지만 말이다. 외국어를 익힐 때조차 숫자는 잘 들리지 않고, 말하기도 힘들지 않던가. 그래도 일단 수와 친해지면 착각하기 쉬운 우리의 감각 바깥에 강력한 이성의 언어를 하나 갖게 되는 셈이다. 2014년, 통계학자이자 의사이자 유명 강연가인 한스 로슬링Hans Rosling은 TV에서 서아프리카에 에볼라바이러스병이 유행한다는 소식을 만났다. 감염환자가 1, 2, 3, 4…로 늘어가는 게 아니라 1, 2, 4, 8…로 늘어간다고 했다. 그는 수와 친한 사람이어서 이런 증가 속도가 무엇을 의미하는지 알았다. 경악한 그는 모든 일정을 취소하고 아프리카로 날아가 에볼라바이러스 퇴치에 힘을 보탠다. 나이팅게일이 크림 전쟁 때 간호사로 유명해진 것도 수와 친했기 때문이다. 간호사로서 보여준 헌신과 별개로 나이팅게일은 환자들의 상태를 수로 집계했고, 전장에서 죽은 사람보다 병원이 불결해서 죽은 사람이 더 많다는 사실을 널리 알려 공중 보건의 신기원을 이루었다.

감염환자가 1, 2, 3, 4…로 늘어가는 게 아니라 1, 2, 4, 8…로 늘어간다는 게 정말로 그렇게 다를까? 나란히 써보자.

1, 2, 3, 4…

1, 2, 4, 8…

여기까지는 별 차이가 없어 보인다. 그러나 몇 번만 더 진행하면 위의 열이 10일 때 아래 열은 1,024가 된다. 위의 열이 100일 때 아래 열은 상상을 초월하는 거대한 수가 된다. 왕과 체스 내기를 한 노인에 대한 유명한 이야기가 있다. 노인은 자신이 이기면 첫 번째 칸에 곡식 한 알, 두 번째 칸에 두 알, 세 번째 칸에 네 알… 이런 식으로 곡식 알을 달라고 요청했다. 체스판은 모두 64칸이다. 즉 1에서 시작해서 2^{63}개 곡식 알까지 모두 합해서 달라는 말이다. 수와 계산에 감각이 없었던 왕은 쉽게 속는다. 앞의 숫자 몇 개만 보고 저런 수의 증가가 무슨 의미인지 몰라서 자신이 져도 별것 없다고 여긴 것이다. 그러나 내기 체스에 지고 나서, 한 신하가 곡식 알을 계산해 알려주자 왕은 기겁한다. 자신의 왕국은 물론이고 지구를 탈탈 털어도 왕은 그만한 곡식을 줄 수 없다.Tip4 내기 체스에 걸린 곡식 알의 개수 참조

둘 중 하나다. 왕은 약속을 어긴 거짓말쟁이라고 욕을 먹거나 수와 계산에 그렇게 무지하다고 욕을 먹거나. 아니, 둘 다 해당하겠다. 그렇다. 왕은 거짓말쟁이에다가 수에 무지했다. 또는 수에 무지해서 거짓말쟁이가 될 수밖에 없었다. 체스 중독으로 실정에 빠진 왕을 노인이 수로 탄핵한 것이다.

숫자를 적극적으로 해석하기

수와 친하면 착각이 저절로 떨어져나갈 것이라고 생각한다면 그것 또한 속임수요, 착각이다. 수와 계산 이후에도 속임수는 끈덕지게 붙어 있을 수 있다. 이번에는 아주 긴 밧줄을 가져와 이야기를 해보겠다. 이것 또한 널리 알려진 이야기다. 지구의 적도를 따라 밧줄을 맨다고 상상해보자. 이 밧줄의 길이는 원의 둘레가 된다. 원의 둘레를 알려면 원의 반지름을 알아야 한다. 그게 밧줄을 직선으로 늘어놓고 자로 재는 것보다 낫다. 원의 둘레 C는 반지름 r의 2배인 지름에 원주율 π를 곱해서 나온다. 내가 보기에 유사 이래 최대 명문인 이 수식을 오랫동안 못 본 분이 계실 것 같아 여기에 쓴다.

$$C = 2 \times r \times \pi$$

이 문장은 고대 선조들의 지혜가 결집된, 철저한 이성의 산물이다. 이제 중요한 것은 수다. 지구가 완전한 구가 아니라 차이가 있지만 적도를 따라 둘레를 쟀다고 치고 반지름 r을 대충 6,378km로 잡아보자. 이는 고대부터 여러 방식으로 재고 계산하며 도달한 수치의 근삿값이다. 원주율 π도 꽤 복잡하지만 3.14 정도로만 하자. 이제 계산을 마치면 지구 둘레의 근삿값이 나온다.

$$C \approx 2 \times 6{,}378 \times 3.14 = 40{,}053.84\text{km}$$

이제 400m 운동장을 한 바퀴 도는 밧줄을 가져와 이 밧줄에 잇는다. 400m, 즉 0.4km짜리 밧줄이 추가되었으니 40,053.84 +0.4=40,054.24가 된다. 이전 밧줄보다 길어진 밧줄로 적도를 두르면 지구와 밧줄 사이에 틈이 생길 것이다. 그 틈은 얼마나 될까? 그림으로 단순하게 나타내면 점선과 지구 표면 사이의 길이다.

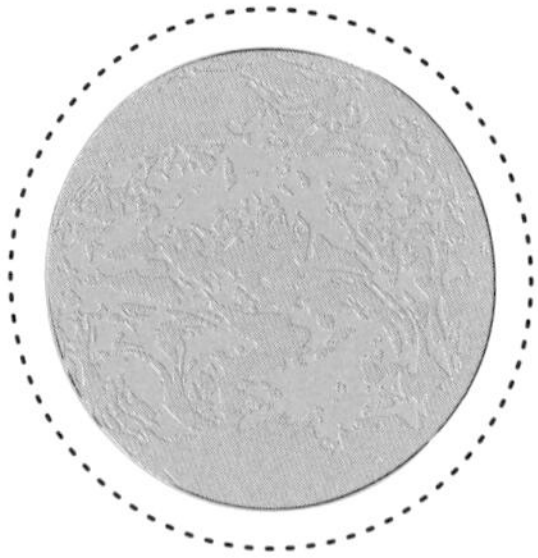

얼마 안 되겠지. 고작 운동장 한 바퀴 정도 길이를 지구 길이에 추가했을 뿐인데… 정말 그럴까? 속단은 금물이다. 수를 넣고 계산을 해보자. 이때는 이전과 반대 방향으로 계산해야 한다. 지금은 원의 둘레를 알고 원의 중심에서 점선까지 반지름을 찾아야 하는 계산이기 때문이다. 즉 새 반지름을 찾아 거기서 구의 반지름을 빼면 틈새의 높이가 된다. 얼마일까?

$$2 \times R \times 3.14 = 40{,}054.24$$

새 반지름을 R로 표시하고, 나눗셈을 마치면 새 반지름 R은 6,378.0637km쯤으로 나온다. 지구의 반지름인 r이 6,378이니 차이는 무려 63.7m다. 확인은 필수. 63.7m×2×3.14는 400m쯤이니 틀린 데가 없다. '고작' 운동장 한 바퀴 정도의 밧줄 길이를 늘렸더니 '무려' 20층 아파트가 들어설 높이의 틈이 생긴 것이다. 한강대교의 길이와 비슷한 1km 정도의 밧줄을 더하면 동네 뒷산 정도는 들어갈 만한 높이가 확보되고, 야경이 일품인 부산 광안대교의 길이를 지구 둘레인 40,054.24km에 더하면 밧줄과 지표면의 틈에는 북한산 꼭대기에 80층 빌딩을 세우고도 남을 공간이 생긴다. 지구 전체에 비해 '고작' 그 정도의 밧줄을 추가했는데 '무려' 그 정도의 거대한 틈이 생기는 것이다.

직관과 이성은 긴장 관계

처음 문제를 받았을 때는 운동장 한 바퀴 정도의 밧줄을 붙인다고 '얼마나 차이가 나겠어?'라고 했지만 이 상황을 수로 전환해 계산을 했더니 뜻밖의 결과가 나왔다. 어디가 잘못됐을까? 수가 잘못되었거나 공식이 잘못되었거나 계산에 실수가 있었나? 차라리 그랬으면 좋으련만. 안타깝게도 아니다.

여기서도 우리는 스스로 속았다. 어떤 길이는 '고작'으로, 어떤 길이는 '무려'라고 보는 우리의 단순한 직관이 착오의 원인이다. 붙인 밧줄의 길이는 땅에 펼쳐져 우리가 감당할 정도이고, 틈의 높이는 올라가기 어려워 더 높아 보인 것 아닐까? 지구의 둘레는 엄청 멀다고 여기면서(그래서 운동장 트랙 하나 정도는 '고작'으로 보이고) 지구 중심까지는 얼마 안 된다고 여긴(그래서 63.7m는 '무려'로 보인) 것 아닐까? 또는 그림 ⊥에서 그랬듯 세로를 더 높게 보는 우리의 착각 본능 때문은 아닐까? 여하튼 결과는 하나다. 기껏 수로 전환해놓고도 수를 해석하는 과정에서 우리의 직관이 개입해 착각을 일으켰다.

수와 친하다고 끝이 아니라는 말이다. 수를 해석할 때도 이성의 눈을 밝혀야 한다. 여기서는 늘어난 길이들을 그 자체로 볼 것이 아니라 이전보다 얼마나 늘었는지 상대적인 비율을 비교하는 게 방법이다. 밧줄 400m를 늘였다면 원래 지구 둘레의 $\frac{400}{40,053,840}$ 정도가 늘어난 셈이다. 그러면서 반지름이 63.7m 늘었으니 $\frac{63.7}{6,378,000}$ 정도 늘어난 것이다. 둘 다 얼추 0.00001이다. 비율로 보면 거의 같다.

그런데 400m는 지구 둘레를 '고작' 0.0001%쯤 늘린 것이고 높이 63.7m는 지구 반지름을 '무려' 0.0001%나 늘렸다고 한 것이다! 우리의 직관은 어쩌면 이렇게 잘도 속는지, 원!

사실 수식에 더 익숙한 사람이라면 이렇게 복잡하게 따지지 않고 더 간단히 예측할 수 있다. 왜냐하면 원둘레와 지름의 관계는 π배, 또는 근사로 3.14배 정도 다를 뿐이기 때문이다. C = 2 × r × π였으니 말이다. 그래서 원둘레 C가 400m 늘었다는 것은 지름 2r이 127.4m 또는 반지름 r이 63.7m 늘었다는 뜻이다. 다만 땅에 댄 400m는 만만해 보이고 하늘로 선 63.7m는 거대하게 보였을 뿐이다. '밧줄을 얼마 안 늘렸으니 높이도 얼마 안 늘겠지'라고 했던 처음의 직관이 틀리지 않았던 것이다. 그런데 계산 후에 무심코 가로 길이와 세로 길이를 차별하는 착각 본능을 발동하여 '직관이 틀렸네'라고 했던 것이다.

속을 수 있는 기회는 이다지도 풍요롭다. 속임수는 호시탐탐 우리를 노린다. 착시부터 착각과 오판까지, 태어나며 가진 것부터 살아가며 습득한 것까지 종류도 다양하고 원인도 다양하다. 착각 본능은 피할 수 없는 것 같다. 그러나 착각 본능도 본능인 이상 엄연히 능력이다. 그 능력을 살리기만 하면 된다. 단순 착시에서는 착시하는 눈을 '이럴 리가 없는데'라고 인식하고 놀라는 눈으로 보완했다. 지구 둘레에서는 계산 후의 수를 보고 착각하는 눈을, '조금 늘리니까 틈도 조금 늘겠지'라고 짐작한 직관으로 교정했다. 직관과 이성은 긴장 관계이고 그 덕분에 우리는 흐릿한 세계를 더 선명하게 볼 수 있었다.

사람이 본디 가지는 그런 불완전한 능력 덕에 우리가 이만큼 왔다. 우리는 스스로 속는다는 사실을 깨닫고 이성을 키워서 이를 보완해왔다. 그 과정에서 수학이라는 지독하게 이성적인 학문이 탄생했다. 그 수학 덕분에 비행기로 외국에 가고, GPS로 낯선 곳을 걱정 없이 다니고, 전자 화폐로 결제하고, 모바일 기기로 전화하고 음악을 듣고 사진을 찍는다.

직관이 항상 옳다면 수학은 존재하지 않고, 직관이 항상 틀려도 수학은 존재하지 않는다. 직관만 있어도 수학은 없고 직관이 없어도 수학은 없다. 직관으로 속단하기 전에 잠시 멈추고 이성으로 보완하고, 이성이 속단하기 전에 직관의 숨결을 불어넣으면 된다. 못할 게 뭐 있겠는가? 문학과 철학을 읽고 음악을 듣고 영화를 보는 사이사이, 가끔 이런 책도 보며 수학 이야기에 조금만 귀를 빌려주면 되는데!

길게 덧셈하는데, 덧셈에 참여하는 항의 규칙이 분명한 경우가 있다. 처음에는 1, 두 번째는 2, 세 번째는 2^2, 네 번째는 2^3… 이렇게 계속 가다가 마지막인 64번째에는 2^{63}인 덧셈도 그런 경우다. 덧셈에 참여하는 숫자만 써보면 이렇다.

$$1,\quad 2^1,\quad 2^2,\quad 2^3,\quad \cdots,\quad 2^{63}$$

1로 시작해서 2배씩 커져가는 규칙이다. 이 항들을 모두 더하는 것은 보통 일이 아니다. 2의 거듭제곱표가 있다고 해도 쉽지 않다. 몇 개만 해봐도 안다.

$$2^5 = 32$$
$$2^{10} = 1{,}024$$
$$2^{20} = 1{,}048{,}576$$
$$2^{30} = 1{,}073{,}741{,}824$$
$$2^{40} = 1{,}099{,}511{,}627{,}776$$
$$2^{50} = 1{,}125{,}899{,}906{,}842{,}624$$
$$2^{60} = 1{,}152{,}921{,}504{,}606{,}846{,}976$$
$$2^{63} = 9{,}223{,}372{,}036{,}854{,}775{,}808$$

마지막 수는 약 922경쯤 되는 엄청나게 큰 수다. 고작 이 8개 항들을 더하는 것도 줄 맞추며 실수 없이 하는 건 꽤 고생이다. 그런데 64개를 해야 한다. 표를 보고 2^n꼴을 모두 찾아내서 무사히 덧셈을 마쳤다고 해도 좋아할 일은 아니다. 왜냐하면 가령 64개가 아니라 100개까지 더하거나 또는 2배씩이 아니라 3배씩 커진다면 그때마다 계산을 새로 해야 하기 때문이다. 그런데 수식 계산에서 이런 덧셈은 뜻밖에 자주 발생한다. 그래서 사람들은 이런 유형의 덧셈을 빨리 할 수 있는 규칙을 찾아냈다. 결론부터 말하자.

$$1+2^{1}+2^{2}+2^{3}+\cdots+2^{60}+2^{61}+2^{62}+2^{63}$$

결과는 $2^{64}-1$이다. 그래서 일일이 덧셈을 할 게 아니라 2^{64}만 알면 거기서 1을 빼면 된다. 1부터 시작해서 100개까지 구한다면 $2^{100}-1$이고 2배가 아니라 3배라면 $3^{100}-1$이다. 이것은 아주 오랜 옛날 우리 선조들이 알아낸 쾌거다. 단지 지금 같은 간명한 기호가 없어서 그렇지, 최소한 2300년 전에는 알려져 있었다. 플라톤의 시대 직후에 나왔을 것으로 추측되는 수학 고전인 유클리드의 《원론Stoicheia》에 이 내용이 담겨 있다. 물론 그보다 훨씬 전에 알았을 것이다.

이제 왜 이렇게 되는지 밝히면 되겠다. 증명하는 방법은 여럿이다. 내가 했던 한 수업에서 중학교 2학년 아이가 찾아낸, 그때까지 나도 몰랐던 증명도 있다. 여기서는 별로 재미는 없지만, 학교에서 흔히 하는 방법으로 증명해 보이겠다. $1+2^{1}+2^{2}+2^{3}+\cdots+2^{60}+2^{61}+2^{62}+2^{63}$이 무엇인지 정확히 모르지만 어떤 자연수라는 것은 분명하다. 그래서 그것을 S라고 놓는다. 이 S를 통째로 2배 한다. 그러면 당연히 2S다. 또는 $1+2^{1}+2^{2}+2^{3}+\cdots+2^{60}+2^{61}+2^{62}+2^{63}$의 항들 각각에 2배 했으니 2S는 $2^{1}+2^{2}+2^{3}+\cdots+2^{61}+2^{62}+2^{63}+2^{64}$이기도 하다. 줄을 맞춰 써보면 다음과 같다.

$$2S = \quad 2^1+2^2+2^3+ \cdots +2^{60}+2^{61}+2^{62}+ 2^{63}+2^{64}$$
$$S = 1+2^1+2^2+2^3+ \cdots +2^{60}+2^{61}+2^{62}+ 2^{63}$$

위와 아래의 끝부분을 빼놓고 그 사이에 있는 2부터 2^{63}까지가 같은 수다. 그래서 2S에서 S를 빼면 당연히 S이고, 그 결과는 $2^{64}-1$이다. 증명이 끝났다.

$$2^{64}-1 = 18{,}446{,}744{,}073{,}709{,}551{,}615$$

위의 숫자는 약 1,850경이다. 뭐, 이쯤이야. 이제 왕과 노인의 체스 내기에 걸린 곡식이 몇 알인지는 알겠는데 이게 얼마인지는 감이 안 온다는 게 문제라면 문제랄까.

2200년 전 그리스에서 아르키메데스라는 현자가 이런 문제를 이미 생각했었다. '우주를 모래알로 가득 채우려면 모래알이 몇 개나 있어야 하나?' 현실에서는 아무짝에도 쓸모 없는 이런 문제를 그는 던졌고 생각했고 풀었다. 그리고 그 결과를 편지에 써서 멀리 바다 건너, 알렉산드리아의 벗에게 보낸다.

임진왜란 때 피신한 왕을 모신 이항복도 어린 시절 이런 문제를 풀었다고 한다. 창고에 있는 쌀알의 개수를 알아내라는 아버지의 명을 받고는 이리저리 계산하여 쌀 한 가마에 800만 개의 쌀알이 들어 있고, 그래서 창고에 있는 쌀알은 총 8,000만 개라는 답을 올린다.

이항복의 결과를 받아들인다면 1,850경 개의 쌀알은 얼마쯤 될까? 한 가마는 800만 개. 그래서 18,446,744,073,709,551,615÷

8,000,000을 계산하니 2,305,843,009,213가마보다 조금 많다. 이것은 2조 3,000억 가마보다 약 60억 가마 정도 많은 것이다.

아직도 감이 오지 않는다. 조금만 더 노력해볼까? 한국인은 1년에 평균 쌀 0.75가마를 먹는다고 한다. 약 62kg이다. 한국인 전체를 5,000만 명이라고 잡으면 1년 동안 한국 사람 전체를 배불리 먹이고도 남는 정도의 쌀은 넉넉 잡아 4,000만 가마면 된다. 무게로는 31억kg 정도다. 그런데 체스에서 이긴 노인이 받을 쌀알은 2조 3,060억 가마 정도다. 체스 중독에 걸린 왕이 체스를 끊고 열심히 수학 공부를 시작하며 이성을 연마하고 그러면서 나라를 지혜롭게 다스리는 데 정성을 들인다면 이 정도 쌀을 구하는 데 몇 년이나 걸릴까? 왕이야 자신의 운명은 자신이 알아서 하겠지. 우리는 우리의 운명을 생각해서 마지막으로 질문 하나. 이 정도의 쌀알이 한 날 한 시에 쌓인다면 지구는 버텨낼까?

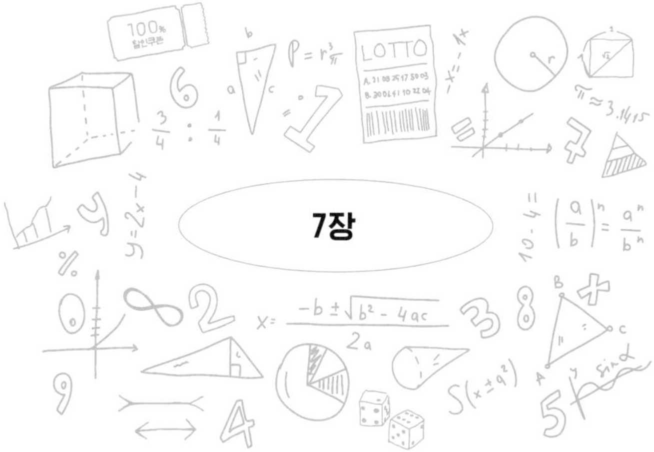

7장

근사한 가짜가 준 선물

근삿값의 미덕

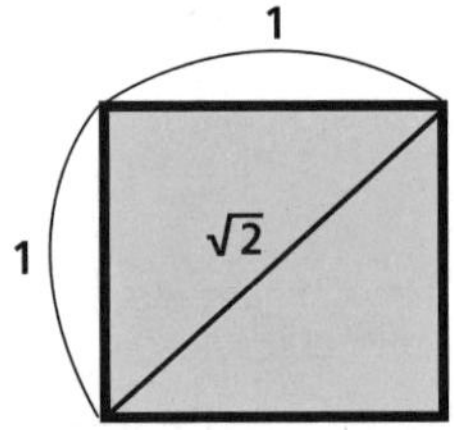
1
1
√2

이번엔 제법 거대한 이야기다. 속임수가 사는 공간에 대한 음습한 이야기이기도 하다. 2000년 하고도 수백 년 전의 그리스로 가보겠다. 한 아테네 사람(A)과 크레테 사람(C)이 대화를 나눈다.

A 모든 인간들이 잘못 알고 있는 게 있습니다.

C 무엇을 말씀하시는 것인지요?

A 저 자신이 잘못 알고 있다는 사실을 뒤늦게 알고는 저 스스로가 인간이 아니라 진흙 속을 뒹구는 돼지가 된 듯 부끄러웠습니다.

C 도대체 무엇을 두고 하는 말씀인지요? 부디 상세히 밝혀주십시오.

A 그야 말씀드리죠. 선생께서는 길이라는 것을 알고 계시겠죠. 그런데 세상의 길이란 길이는 모두 잴 수 있다고 생각하지 않으세요?

C 그렇겠지요.

A 그런데 절대로 잴 수 없는 길이가 존재한다면 선생께서는 어떤 마음이 들겠습니까?

C 저 자신이 아주 보잘것없고 하찮게 느껴지겠죠. 모르는 것을 안다고 생각했고 모르는 것보다 잘못 아는 게 훨씬 어리석으니까요.

서양의 현자 플라톤이 생애 마지막에 쓴《법률》의 한 대목을 각색해서 옮겨보았다. 플라톤은 50세 즈음 이상적인 정치 체제가 무엇이고 그 정치 체제를 구현하기 위해 어떤 노력을 해야 하는지를 밝힌 대작을 썼다. 우리에게 흔히《국가》라고 알려진 책이다. 여든 즈음 플라톤은 이상적인 정치 체제는 아니더라도 이상에 근사한 체제를 어떻게 구현할 것인지 고민하며《법률》을 저술한다. 한국어 번역본으로 800쪽이 넘는 이 대작의 중반을 넘어가는 길목에서 플라톤은 지도자가 될 젊은이들이 마땅히 배워야 할 세 교과목을 언급한다(여기서 '교과목들'의 원어를 소리나는 대로 하면 '마테마타'이고 이것이 영어로 mathematics가 된다. 이렇게 보면 수학의 본뜻은 '공부 그 자체'다. 한자로 수학數學 또한 '이치를 따져 배움'이라는 뜻으로 볼 수도 있다).

잴 수 없다는 말

앞서 언급한 세 과목은 계산술, 기하학, 천문학이다. 지도자가 될 사람은 이 세 과목을 높은 수준으로 배워야 하고, 일반 시민은 적당히 배우면 된다. 아예 안 하는 건 안 된다. 실용에 도움을 주고 사람을 깨어 있게 하니 계산술을 익히는 건 당연하고, 모르면서 안다고 하는 무지에 빠지면 부끄러우니 기하학도 필요하고, 하늘을 공경해야 하니 천문학도 배우긴 배워야 한다. 그 정도만 익히는 것은 어렵지 않고 놀이와 함께 즐겁게 배울 수 있으며 아름다운 나라를 만들기 위해 이 교과목들은 필수다. 따라서 이를 법률로 정해야 한다.

그게 플라톤의 말이다. 그런데 하나 걸리는 대목이 있다. '잴 수 없는 길이'라는 대목이다. 플라톤과 아리스토텔레스의 여러 저술들 여기저기에서 이 용어가 툭툭 튀어나온다. 실제로 잴 수 없는 길이가 있다는 사실은 고대 그리스의 지적 기반을 뒤흔든 일대 사건이었다. 그런데 못 재는 길이라니, 무슨 말일까? 재는 길이가 아닌 길이일 테니 재는 길이가 무엇인지부터 보자. 긴 막대와 짧은 막대가 있다.

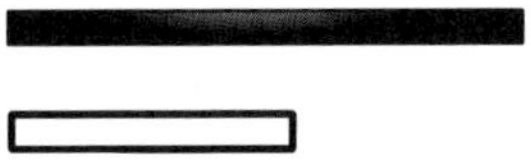

이렇게 막대가 2개 있을 때, 작은 것을 2개 붙여서 긴 것과 정확히 겹친다면 두 길이는 재는 관계다. 수를 빌려 표현하면 2 : 1의 관계다. 그런데 막대의 길이에 따라 2배 했더니 이렇게 삐죽 나갈 수도 있다.

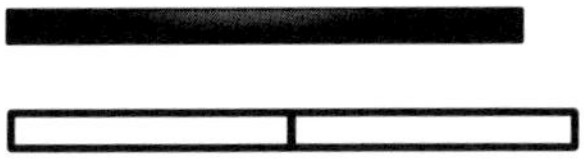

못 쟀다. 다만 이건 두 길이의 본성상 못 잰 것이 아니고 그냥 아직 못 쟀을 뿐이다. 긴 것을 2개 붙이고 작은 것을 5개 이어 붙여서 길이가 겹칠 수도 있다. 그러면 두 길이는 재는 관계다. 수로는 5 : 2의 관계다. 혹시 2개 붙이고 5개 붙여도 길이가 같아지지 않았다면 큰 것도 더 붙여보고 작은 것도 더 붙여본다. 그러다 언젠가 두 길이가 같아진다면 두 길이는 재는 관계다. 자, 인간이 될 것인가 돼지가 될 것인가, 어디 해보자.

다시 말해, '어떤 것이든 2개를 골라 계속 붙여가면 그 둘은 언젠가 겹치게 될까?'라는 질문이다. 아차, 답은 아테네 사람이 이미 해버렸구나. 아깝다! 고대 그리스 문명을 뒤흔들었던 질문이 졸지에 싱거운 질문이 되어버렸다. 그러나 함정은 바로 거기에 있다. 남이 있다고 하니까 그러려니 하는 태도는(TV에서 그러더라니까! 책에서 읽었거든!), 모르면서 안다고 하는 함정에 빠진 것이다. 그건 남에게 속는 것이니 그나마 낫다. 모든 길이를 잴 수 있겠지. 계속 붙여갈 수 있잖아, 100번이든 1억 번이든. 그러다 보면 언젠가는 겹칠 때가 있겠지. 암, 있고말고(그런데 말입니다, 세상에 길이가 얼마나 많은데, 혹시 못 재는 길이도 있지 않을까요?).

그렇게 대충 넘겨 짚는 결정은 스스로 속은 결정이다. '그렇다 카더라' 유형이든 '그렇겠네, 아마' 유형이든 종종 우리는 판단을 너무 쉽게 해서 스스로를 속이는 결정을 내린다. 모르면서 안다고 생각했고, 그래서 함정에 빠지도록 방치한 것이다. 아테네 사람은 자신이 함정에 빠져 살았다는 사실을 알자 짐승이 된 것처럼 부끄러웠다고 고백했다. 오, 고결한 그리스의 영혼이여….

잠깐, 모든 길이를 잴 수 있든, 잴 수 없는 길이가 있든 뭐가 중요하기에 아테네 사람과 크레테 사람은 그다지도 호들갑을 떨었던 것일까? 이 말만 하고 넘어가자. 이건 단지 막대의 길이에 한정된 이야기가 아니라고. 저울에 올린 무게일 수도 있다. 땅의 넓이일 수도 있다. 우주의 별들이 도는 회전 주기일 수도 있다. 비교 가능한 모든 것들에 대한 이야기라고 말할 수도 있다. 아테네 사람의 목소리를 빌리면 이렇다. 이 대화 중에 그는 이렇게 말한다.

> **이 사실을 안다고 훌륭한 건 아니지만 이 사실을 모르면서 안다고 하는 것은 부끄러운 것입니다. 게다가 이 문제와 연관된 문제가 무엇이든 우리는 그 모든 것을 잘못 아는 것입니다. 또한 이 문제가 어디서 비롯된 것인지도 모르고 이 문제가 어떤 문제를 낳을지도 모르는 것입니다.**

이 문제가 어려운 이유는 '모든' 길이를 상상하기 어렵다는 점에 있다. '모든' 길이란 우리가 살아가는 세상에는 없다. 따라서 그것 자체도 상상하기 어려운데 그 모든 길이들을 비교까지 한다. 현실에서는 불가능하고 우리의 이성에서만 가능한 상상이다. 이 문제가 어려운 더 큰 이유는 이 문제를 문제로 인식하기조차 어렵다는 것에 있다. 일상생활에서 너무 멀리 떨어진 질문이니까. 또 그것을 문제로 인식했더라도 '당연히 있지' 또는 '아마도 있겠지' 또는 '있거나 없거나 무슨 상관이야'라고 하기 십상이다. 아마도 거기가 속임수가 비집고 들어오는 틈새가 아닐까?

루트, 새로운 기호의 등장

그러나 인류의 인구가 몇인가! 누군가 생각을 했고 문제라고 깨달았고 다른 사람에게 질문했고 질문이 퍼져나갔고 결국 누군가 찾아냈다. 그중 가장 단순한 것들을 호출한다. 잴 수 없는 길이들, 나와 주세요.

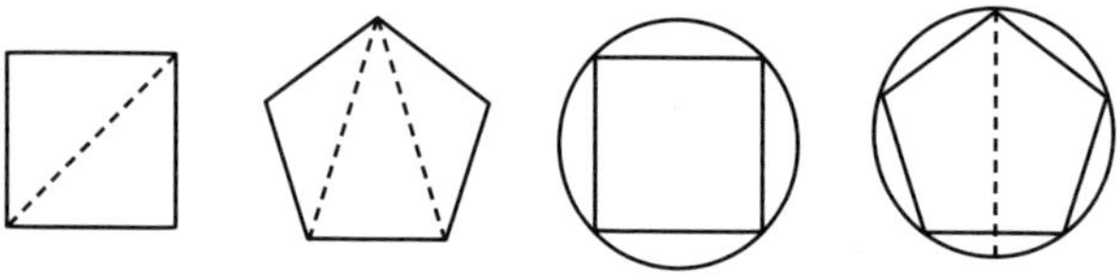

정사각형의 변과 대각선, 서로 잴 수 없다. 즉 정사각형의 한 변을 아무리 늘이고 대각선을 아무리 늘여도 겹치는 지점은 절대로 나오지 않는다. 뿐만 아니라 정오각형의 한 변과 대각선도, 정사각형을 둘러싸는 원의 길이와 정사각형의 한 변도, 정오각형을 둘러싸는 원의 길이와 정오각형의 한 변도 서로 잴 수 없다. 그 원의 지름과 정오각형의 대각선도 서로 잴 수 없다. 이건 고작 시작일 뿐이다. 우리에게는 정삼각형, 정칠각형, 정구각형 등등도 있다. 그것도 다 봐야 한다. 그럴 때마다 잴 수 없는 길이들이 속속 등장한다. 그렇다. 잴 수 없는 길이는 정말로 많다.

그게 전부가 아니다. 문제는 이제부터 시작이다. 정말 많은데 끝없이 많을까, 아니면 많긴 많아도 유한 개일까? 길이들 전체 중 어느 정도나 될까? 잴 수 없는 길이들도 어떤 특징을 기준으로 분류가 될까? 어떤 길이가 내 앞에 뚝 떨어지면 그 길이가 어떤 분류에 속하는지 알 기준은 있을까? 질문도 계속 이어진다. 질문이 나무처럼 자라고 숲을 이루어 끝없이 뻗어나갈 것 같다.

잴 수 있는 길이만 있었더라면 자연수와 분수만으로 나타낼 수 있었을 텐데. 잴 수 없는 길이가 나타났으니 그것을 표현하는 것부터 문제였다. 고민 끝에 사람들은 새로운 기호를 만들어냈다. $\sqrt{2}$, $\sqrt{3}$, log2, π, e 같은 기호들이다. 들쑥날쑥 괴상하게 생겼지만 어쩔 수 없다. 마땅히 표현할 방법이 없어서 이렇게도 써보고 저렇게도 써보다가 지금은 저렇게 표현하는 것으로 정착됐다. 가장 간단한 $\sqrt{2}$만 보자. 말로는 '루트 2'라고 부른다. 한 변이 1인 정사각형의 대각선 길이를 나타내는 수다.

1과 $\frac{3}{2}$ 길이는 잴 수 있다. 1을 세 번 붙이고 $\frac{3}{2}$을 두 번 붙이면 길이가 같아진다. $1 \times 3 = \frac{3}{2} \times 2$이니 말이다. 그러나 $\sqrt{2}$라는 길이는 그럴 수 없다. 그래서 1로 잴 수 없다. 즉 1을 아무리 반복해서 붙이고 $\sqrt{2}$를 아무리 반복해서 붙여도 두 길이는 결코 같아지지 않는다. 수학 하는 사람들끼리는 이렇게 말한다.

$1 \times m = \sqrt{2} \times n$이라는 등식을 참으로 하는 자연수 n, m은 없다.

또는 이렇게도 말한다. $\sqrt{2}$는 $\frac{n}{m}$으로 표현될 수 없다. 이 우주가 닳고 닳아 마침내 사라져도 절대로 그럴 수 없다.Tip5 $\sqrt{2}$의 비밀 참조

잴 수는 없다지만 어쨌든 $\sqrt{2}$도 길이인데 그 크기는 얼마나 될까? 1보다 큰 건 확실하다. 1이 정사각형의 한 변일 때 대각선이 $\sqrt{2}$니까. 그런데 1과 $\sqrt{2}$의 길이 차이는 0.4가 넘는다. $\frac{3}{2}$과 $\sqrt{2}$의 길이 차이는 어떨까? 고작 0.1 정도 다르다. 그러나 그 정도 차이를 '고작'이라고 보는 사람도 있지만 '무려'라고 생각하는 사람도 있을 것이다. 그런 분을 위해서는 $\frac{7}{5}$이 있다. 계산기를 눌러보면 진짜 $\sqrt{2}$에 비해 고작 0.01쯤 작다. 이 정도의 작은 차이도 못마땅하다면 $\frac{17}{12}$도 있다. $\sqrt{2}$에 비해 0.0025쯤 크다. 이 정도면 상당히 차이가 작다. 정확한 값은 아니지만 꽤 괜찮다. 살다가 $\sqrt{2}$가 필요할 때 대신 쓰면 될 것 같다는 생각이 든다.

그런데 $\sqrt{2}$가 필요할 때가 있긴 있을까? 잴 수 없는 길이라는 희한한 수인데? 뜻밖에도 많다. 바로 당신 옆에 있는 $\sqrt{2}$를 보려면 규격 종이를 보면 된다. 규격 종이인 A4의 짧은 변은 210mm이고 긴 변은 297mm다. 짧은 변에 $\sqrt{2}$를 곱하면 긴 변이 나온다. A4 두 장을 잘 붙이면 A3가 되는데 A3의 짧은 변은 A4의 긴 변인 297mm이고 A3의 긴 변은 이 짧은 변의 길이에 $\sqrt{2}$를 곱한 420mm다. 우리가 살면서 가장 많이 쓰는 종이 규격인 A시리즈가 모두 그렇다. 짧은 변이 1이면 긴 변은 $\sqrt{2}$인 비율로 만든다. 누가 그렇게 하라고 시킨 게 아니라 그게 좋으니까 그렇게 된 것이다.

각종 포스터에 쓰는 B시리즈 종이 규격도 그렇고, A시리즈와

어울리는 규격 봉투에 쓰이는 C시리즈도 마찬가지다. 예를 들어 B5는 176×250mm인데 짧은 변 176에 $\sqrt{2}$배 하면 대략 250이고 C4는 324×224mm인데 역시 짧은 변에 $\sqrt{2}$배 하면 긴 변이다. TV와 모니터와 모바일에도 루트가 있다. 우리가 쓰는 화면의 크기는 대각선의 길이를 의미하는데 가로와 세로 길이에서 루트 계산으로 얻는다. $\sqrt{2}$는 악기에도 있다. 예를 들어 피아노에서 한 옥타브 차이가 나는 두 건반의 딱 중간에 있는 건반의 진동수는 두 진동수의 기하평균인 $\sqrt{2}$다(a와 b의 기하평균은 $\sqrt{a \times b}$). 이것도 누가 시켜서가 아니라 가장 좋은 체계를 고민하고 찾다 보니 저절로 그렇게 되었다.

근삿값, 진짜에 가까운 가짜

이런, '루트'가 나오더니 이제 기하평균까지… 말을 더 하다가는 낯선 수학 용어들이 우박처럼 쏟아지겠다. 여기서 일단 멈춤. 중요한 것은 $\sqrt{2}$를 알면 좋다는 사실, 그리고 그것이 주위에 우리와 함께 있다는 사실이다. 다만 이 질문은 안 하고 넘어갈 수 없다. 정말로 $\sqrt{2}$가 좋고 필요하다면 그 길이는 정확히 얼마일까? 내 계산기에 물으니, 다음과 같은 답을 준다

1.4142 1356 2373 0950 4880 1688 7242 097

물론 틀린 답이다. 왜냐하면 $\sqrt{2}$가 절대로 $\frac{n}{m}$으로 표현될 수 없는데 저 수는 $\frac{14142135623730950488016887242097}{10000000000000000000000000000000}$으로 표현되니까 말이다. 무척 좋은 값이긴 해도 진짜는 아니다. 비슷하지만 가짜다.

잠깐만! 계산기는 저렇게 복잡한 수를 어떻게 알고 답을 주는 거지? 메모리에 저장된 건 아닐 테고. 내가 $\sqrt{2.1}$이든 $\sqrt{3.01}$이든 $\sqrt{2.0092009}$든 아무거나 눌러봐도 척척 답한다. 모든 수에 대한 루트값을 기억할 수는 없다. 메모리는 유한이고 수는 무한이니까. $\sqrt{2}$를 계산할 프로그램이 있는 게 분명하다. 예를 들어 $\sqrt{2}$의 경우 혹시 아까 나왔던 그 분수들이랑 연관이 있지 않을까?

$$\frac{3}{2},\ \frac{7}{5},\ \frac{17}{12}$$

이것들 말이다. 분수가 진행될수록 진짜와의 차이가 점점 줄었으니까 이 분수가 나오는 규칙만 프로그램으로 두면 된다. 어떤 규칙이 있나? 한번 찾아보기 바란다. 몇 개만 더 써보면 이렇게 된다.

$$\frac{3}{2},\ \frac{7}{5},\ \frac{17}{12},\ \frac{41}{29},\ \frac{99}{70}$$

마지막 분수는 진짜 $\sqrt{2}$와 고작 0.0007이 다른 가짜다. 진짜와 거의 구분이 안 가는 가짜인 것이다. 게다가 규칙이 있다. 어떤 규칙일까? 멈춰 서서 유심히 보고 규칙을 찾아보기 바란다. 더하기를 하면서 패턴을 잘 봐야 한다. 자, 찾으셨는지? 그럼 확인할 차례. 그다음, 진짜와 더 비슷한 가짜는?

$$\frac{239}{169}$$

혹시 위의 분수를 찾으셨는지? 답을 말하면, 패턴은 이렇게 된다. 분모와 분자를 더해 새 분모로 놓은 다음, 분모를 2배 하고 분자를 더해 새 분자에 얹어서 분수를 만드는 규칙이다. 지금까지 내 경험에 따르면, 이 질문을 하고 나서 어떨 때는 바로, 어떨 때는 몇 분 안에 항상 누군가는 이 규칙을 찾아냈다. 중학생 수업부터 일반인 강연까지 예외가 없었다.

이건 벌써 2000년 전 선조들이 쓰던 방식이다. 규격 종이는커녕 종이도, 피아노도 없었지만, 그 옛날에도 사람들은 진짜 루트 값과 비슷한 가짜를 찾았다는 말이다. 어떻게 그런 규칙을 찾았는지, 알쏭달쏭하다. 그래도 대충 짚이는 데는 있다. 어차피 짐작이니 여기서 말하지는 않겠다. 다만 이런 알고리즘이 있었다는 것은 확실하고 그것은 그 시대에도 루트가 필요했다는 명백한 증거다. 사실 루트를 몰랐다면 어떻게 이집트 문명에서 피라미드를 건설하고 바빌로니아 문명에서 사막 한가운데 도시와 공중 정원을 만들고 그리스 문명에서 망망대해를 항해했겠는가.

위에 나온 분수들을 새롭게 쓰면 다음과 같다.

$$\frac{1}{1},\ \frac{3}{2},\ \frac{7}{5},\ \frac{17}{12},\ \frac{41}{29},\ \frac{99}{70},\ \frac{239}{169},\ \frac{577}{408},\ \frac{1393}{985},\ \frac{3363}{2378},\ \frac{8119}{5741}$$

마지막 분수는 진짜 $\sqrt{2}$에 비해 0.0000001 정도 다르다. 초정밀의 수준에서 같다. 게다가 우리에게는 프로그램이 있으니 더 정확한 값이 필요할 경우 엔터 키만 누르면 된다. 원하는 만큼 진짜에 근사할 수 있는 알고리즘이 있으니까. 여기서 내가 언급하지 않은 다른 알고리즘들도 있다. 진짜는 아니지만 엔터 키를 누를 때마다 진짜와 차이가 거의 없는 분수를 생성하는 알고리즘들 말이다.

근사할 수 있는 알고리즘이 있다는 것은 같은 행위를 반복하면 어쨌든 참을 향해 다가간다는 말이다. 별것 아닌 것 같아도 이 말은 의미가 있다. 비슷하지만 가짜, 즉 사이비似而非라도 체계적으로 진짜를 향해 다가가면 언젠가 진짜와 구분이 가지 않는 지경에 이른다는 의미, 다시 말해 근사의 미덕을 의미한다. 옛날 사람들은 성인을 이상으로 삼고 그 진짜에 근사하기 위해 평생 자신을 닦는 것을 올바르게 사는 길로 알았다. 서양의 플라톤은 50대에 이상적인 정치 체제를 생각했지만 현실은 이상에 미칠 수 없다는 사실을 잘 알았다. 그러나 포기하지 않았다. 이상에 가까운 체제를 어떻게 이룰 것인지를 찾는 데 평생을 바쳤다. 진짜에 도달하려는 끝없는 노력, 근사近似. 참으로 근사하다.

생활에서도 원칙은 비슷하다. 최근에 수학 고전을 번역하면서 느끼는 것인데 정말 봐도 봐도 끝이 없다. 이제는 됐다 여겼는데 며칠 뒤에 또 고친다. 고치면서 이게 끝이겠지 하는 생각과 이것도 끝은 아니라는 생각이 함께 들면 그만 지긋지긋해져서 고개를 절레절레 흔들고 혀를 끌끌 차게 된다. 그러다가 나도 모르게 내가 미소를 머금고 있음을 느끼기도 한다. 글쓰기도 그런 것 같다. 아마 언제 어디서든 속임수가 비집고 들어오는 것에 맞서는 것도 마찬가지일 것이다. '이 정도면 참인가? 아직 아니네, 더 해야겠다. 어쩌겠어, 별수 없잖아?' 하면서 또 한 걸음씩 전진하는 것 말이다. 북쪽을 향해 미세하게 떨리는 나침반의 바늘처럼, 참을 향하며 참을 찾으며 떨리면서도 한 발 한 발… 그러다 언젠가 알게 되겠지, 이 정도면 충분히 가까이 왔다고.

속임수가 사는 음습한 공간에서 시작했는데 이야기가 밝게 끝나서 참 좋다.

Tip5 $\sqrt{2}$의 비밀

$\sqrt{2}$는 $\frac{n}{m}$으로 표현될 수 없다는 사실은 이후에 전개되는 12장에서 대화체로 언급되지만 여기서 먼저 따로 살펴보도록 하자. 무엇보다 $\sqrt{2}$라는 수가 제곱해서 2인 수라는 사실을 잊지 않아야 한다. 그 수는 1보다 크고 2보다 작은 수일 것이다. 왜냐하면 1을 제곱하면 1이고 2를 제곱하면 4인데 $\sqrt{2}$라는 수는 제곱해서 2이니까 말이다. 그래서 그 수를 수직선에 표시하면 1과 2 사이의 어딘가에 있을 것이다. 임시로 그것을 x라고 하자. 즉 $x^2=2$다.

이 수가 자연수 n, m을 쓴 분수 $\frac{n}{m}$으로 표현될 수 있는지 없는지는 모른다. 아직은 그럴 수도 있고 아닐 수도 있다. 두 가지 가능성 중 하나다. 그럴 수 없다는 사실을 직접 보일 수도 있지만 그러려면 설명이 길어지고 다른 수학 지식도 조금 필요하니, x가 $\frac{n}{m}$으로 표현될 수 있다고 가정한 다음 그 가정을 기각하는 방식으로 해보겠다. 즉 1이라는 길이를 n번 반복해서 직선으로 붙이고 x라는 길이를 m번 반복해서 직선으로 붙였더니 두 길이가 같아진다고, 일단 가정해보는 것이다.

우리가 x에 대해 알거나 가정한 바에 따르면 두 가지 사실이 있다. $x^2 = 2$이면서 $x = \frac{n}{m}$이라는 사실. 이 두 사실을 결합하면 $\left(\frac{n}{m}\right)^2 = 2$다. $\left(\frac{n}{m}\right)^2 = \left(\frac{n}{m}\right) \times \left(\frac{n}{m}\right)$이니 결국 $\frac{n^2}{m^2} = 2$다. 그래서 $n^2 = 2 \times m^2$이다. 그런데 이것은 말이 안 된다. 진짜로 말이 안 된다는 것만 보이면 $x = \frac{n}{m}$이라는 가정은 기각된다.

우리가 아는 것은 딱 두 가지 사실이었다. 그중 $x^2 = 2$는 가정이 아니라 $\sqrt{2}$라는 수의 본성이다. 그리고 $x = \frac{n}{m}$이라고 가정해서 차근차근 논리를 전개했고 그 과정에는 아무런 잘못이 없었다. 그런데 말도 안 되는 결과가 나온다면, 그것은 그 가정이 잘못되었기 때문이다. 참인 사실에서 출발해 참인 논리를 전개했는데 말도 안 되는 사실이 나올 리는 없으니 말이다.

결국 $n^2 = 2 \times m^2$이라는 문장이 말도 안 되는 소리라는 것만 입증하면 된다. 먼저 어떤 자연수를 거듭제곱한 것을 소수들로 분해하면 2가 한 번도 안 나오거나, 나오더라도 짝수 번 나온다는 사실에 주목하자.

예를 들어 21이라는 자연수를 제곱하면 3×7의 제곱이므로 $3^2\times7^2$이고 여기에는 2가 한 번도 안 나온다. 가령 6을 제곱하면 2×3의 제곱이므로 $2^2\times3^2$으로 2가 두 번 나오고 12를 제곱하면 4×3의 제곱이므로 $4^2\times3^2$ 또는 $2^4\times3^2$으로 2가 네 번 나온다. m이라는 수가 무엇이든 제곱한 m^2을 소수들로 분해하면 2가 한 번도 안 나오거나, 나오더라도 짝수 번 나온다는 말이다.

그런데 거기에 2를 '한 번 더' 곱한 게 n^2이라는 수다. 그래서 n이라는 수가 무엇이든 n^2을 소수들로 분해하면 2가 홀수 번 나온다는 말이다. 하지만 이건 말이 안 된다. 어떤 수를 제곱하면 2가 한 번도 안 나오거나 짝수 번 나온다고 이미 보였는데 n^2은 2가 한 번 나오거나 홀수 번 나온다니!

8장

프랑스 원정대와 현대의 GPS

세상을 구한 삼각함수

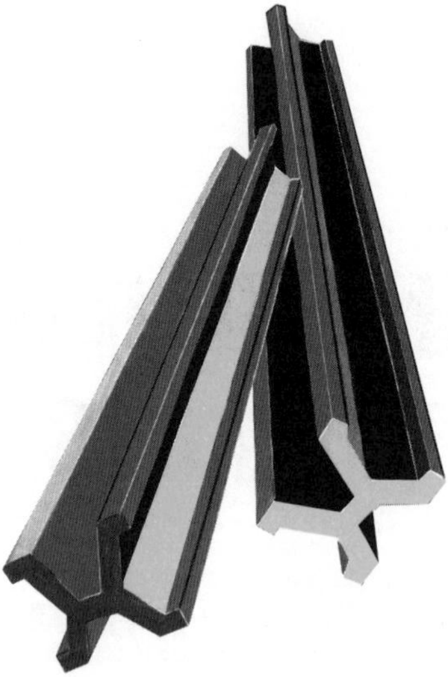

딱 130년 전이다. 황금 가을이 무르익은 1889년 9월 28일, 그날도 오늘처럼 토요일이었다. 이날 프랑스의 파리 인근 브르퇴유 별궁에서 세계 최초의 국제연구소가 주최하는 국제 회의의 마지막 날 행사가 열린다. 18개국 대표들은 만장일치로 투표를 마쳤다. 이제 그들은 합금 막대를 받는다.

막대는 백금 90%와 이리듐 10%를 섞어 14년 동안 망치질하고 제련해서 그런지 아주 단단하고 깔끔했다. 영국의 기술자들이 정성껏 만들어 보낸 빈 막대에 프랑스의 기술자들이 현미경으로 보며 다이아몬드 칼날로 미세한 선을 새겨 넣었다.

막대는 30개가 제작되었고 추첨을 통해 회원국에 할당된다. 같은 날 오후, 같은 건물의 지하에 각국 대표들이 모인다. 안에 고급 벨벳을 댄 놋쇠 원통 상자도 있다. 상자 안에는 30개 막대들의 원형인 막대가 담겼다. 각국 대표들의 입회하에 상자는 강철 지하저장소로 들어간다.

대표들은 저장소를 열쇠로 잠그고, 지하 방문을 다시 잠그고, 지하로 내려가는 문도 잠근다. 열쇠는 봉투에 담아 세 사람이 나눠 가진다. 이 막대를 다시 보려면 흩어진 열쇠 셋이 다시 모여야 한다. 막대는 봉인되어 깊은 기억 속으로 잠긴다.

이 세계 최초의 국제연구소는 국제도량형국Bureau International des Poids et Mesures이고 국제 회의는 이 기구가 개최한 1회 총회였다. 총회는 나흘간 이어졌고 이 장엄한 행사는 마지막 일정이었다. 이 행사가 있기 15년 전에 17개국이 모여 국제 미터위원회를 창설하는 협약을 체결했고 《네이처》는 이 기구가 성공하면 '현대 문명의 위대한 승리'일 것이라고 환영했다. 그리고 15년의 준비 끝에 개최된 제1회 총회에서 1미터라는 표준 길이를 공유한 것이다. 그렇다. 그 매끈한 막대는 1미터였다. 얼음이 녹는 온도에서 이 막대의 길이가 1미터라고, 인류 역사 최초로 국제 협약으로 단위 길이가 정의되었다.

무엇이 1미터가 되었을까

사실 1미터는 나이가 꽤 들었다. 국제 공인 1미터 합금 막대가 나오기 100년 전에 대혁명의 기운이 가득하던 프랑스에서 이미 1미터라는 개념이 탄생했으니까. 혁명의 바람은 정치에 한정되지 않았다. 도량형을 통일하자는 요구도 단호했다. 당시 프랑스 국내만 해도 도량 단위가 800종으로 25만 개나 있었다고 한다. 국경을 넘으면 거기는 거기대로 또 각종 도량 단위들이 넘쳐났을 테니 그에 따른 혼돈과 비효율은 어땠겠는가? 유사 이래 동과 서를 막론하고 강력한 왕권을 수립하려는 집단이 그랬듯이, 구체제의 잔재를 쓸어버리고 공화국이라는 새로운 정치 체제를 확립하려던 혁명가들도 도량형 통일부터 도모했다. 왕과 신하들이 아니라 과학자들이 주도했다는 점이 달랐고 (그래서) 보편적인 인류애를 구현하기 위해 전 세계가 공유할 보편적인 도량형을 지향했다는 것이 달랐다.

그 큰 기획 중 하나가 새로운 단위 길이를 지정하는 것이었다. 그 단위의 이름은 '미터'라고 정하기로 했다. 국제 공용어가 되어야 하고 무엇보다 수학 용어이니 낱말은 그리스어에서 가져와야 했다. '측정'을 뜻하는 그리스어 명사 μέτρον에서 프랑스어 mètre를 거친 다음 그것의 영어 번역인 metre의 미국식 표기 meter를 수용해 현재의 미터가 나왔다. 또한 길이 체계는 십진법이어야 했다. 숫자 체계가 십진법인데 숫자를 쓰는 길이 체계는 십진법이 아닌, 앞뒤가 맞지 않았던 오랜 관행을 깰 때였다. 아직도 고집스럽게 십진법을 쓰지 않는 대표적인 사례는 미국이다. 12인치가 모여 1피트가 되고 3피트가 모여 1야드가 되고, 야드의 22×10×8이 1마일이고…. 이런 체계를 지금도 쓰다니 아무리 생각해도 미국 사람들, 정말 용하지 않나?

얼마를 단위 길이로 정하면 가장 좋을까? 이것이 근본 문제였다. 아주 옛날처럼 왕의 팔 길이 같은 것으로 정해선 안 된다. 특정 단일 국가에 특별한 의미가 한정되어도 안 된다. 이 새로운 단위 길이는 세계 만방에서 공통으로 쓰여야 하기 때문이다. 나라마다 마을마다 직업마다 다른 길이 단위를 써서 얼마나 불편했던가? 그 혼돈은 얼마나 많은 실수와 기만의 원천이었던가? 후손들에게 그것을 물려주어서는 안 된다.

조제프 루이 라그랑주Joseph Louis Lagrange, 피에르 시몽 라플라스Pierre Simon Laplace, 가스파르 몽주Gaspard Monge 같은 당대 최고의 수학자들이 모였고 북극에서 적도까지 거리의 1,000만 분의 1을 한 단위로 하자고 제안했다. 그러니까 지구를 완전한 공 모양이라고 어림잡고 북극에서 남극을 거쳐 다시 북극으로 돌아오는 큰 원의 4분의 1인 길이의 1,000만 분의 1, 즉 지구 둘레의 4,000만 분의 1을 단위로 정하자고 했던 것이다.

당연히 지구 둘레부터 확정해야 했다. 인류는 이미 몇천 년 전부터 여러 가지 방식으로 지구 둘레를 계산해왔다. 그러나 그것은 지구의 극히 일부만 측정한 다음 계산으로 전체를 도출한 것이었다. 더 정확한 값이 필요했다. 훨씬 큰 구간을 훨씬 좋은 기술로 재기로 했다. 다만 실제로 북극부터 적도를 재는 것은 불가능하니 육지에서 적당한 구간을 먼저 정해야 한다. 같은 경도를 따라 내려가되, 해수면의 높이가 비슷해야 하고, 기왕이면 평지가 많아야 하고, 프랑스의 영광을 드러내야 하고, 혁명과 전쟁에 따른 혼란 속에서도 조금이나마 더 안전해야 하고, 이전에 잰 곳을 지나야 한다.

온갖 상황을 모두 고려해볼 때 구간의 한쪽 끝은 프랑스 북단의 소도시 덩케르크의 종루가 좋았고 다른 쪽 끝은 스페인 바르셀로나

항구의 요새가 좋았다(덩케르크는 2차 대전 중에 연합군과 독일군의 유명한 전투가 있던 그 도시다. 이 도시는 해양 세력과 대륙 세력이 종종 충돌했던 곳으로서 프랑스 혁명기에도 큰 전투가 있었고 2차 대전 때도 격전지였다. 2차 대전의 전투를 얼마 전 크리스토퍼 놀란 감독이 영화로 만들었다). 이 구간은 마침 파리 중심부를 지난다. 그래, 이 구간이 최적이다. 그렇게 구간이 결정되었다. 이 구간을 다시 둘로 나눠서 두 원정대가 마차를 타고 출발했다. 한 원정대는 북으로, 다른 원정대는 남으로. 그들은 흉흉한 세상과 강과 산을 넘고 온갖 난관을 극복하며 6년 넘게 측정했다. 그 결과 이듬해 1미터 백금 막대가 나왔다. 국제 공인 1미터가 나오기까지 다시 100년이 걸린 것이다.

이 역사적 여정을 한 장에 눌러 담은 것이 옆의 그림이다. 이 구간은 북극과 적도 구간의 10분의 1이다. 따라서 실제로 측량된 이 구간의 100만 분의 1을 1미터로 하면 된다. 이 값이 정확하려면 무엇보다 정확하게 자오선을 따라가야 한다. 그림에는 직선으로 표현되었다. 그 직선을 따라 삼각형들이 촘촘하게 이어져 있다. 이 직선은 어떻게 나온 것이고 저 삼각형들은 무엇일까?

지구가 둥그니까, 사실 이 그림에 나온 직선은 평면의 직선이 아니다.

지구가 오렌지이고 북극과 남극이 꽁지라면 두 꽁지를 가로지르도록 과도로 눌러 표시한 선, 즉 자오선의 일부다. 이 거대한 지구에 자오선을 따라 도로가 있는 것도 아니고 줄이 표시된 것도 아니다. 게다가 산이 울퉁불퉁 솟아 있고 강이 제멋대로 흐르고 마을도 여기저기 흩어졌는데 원정대는 어떻게 저 직선을 따라 내려갈 수 있었을까?

일단 나침반을 생각할 수 있겠다. 나침반이 가리키는 대로 북방팀은 북쪽으로, 남방팀은 남쪽으로만 가면 된다. 그러나 자신의 몸뚱이를 직선으로 훑고 지나가는 인간에게 지구가 그렇게 호락호락할 리 없다. 무엇보다 나침반의 끝이 정북을 가리키는 것도 아니고 미세하게 떨리기도 해서 측정 위치와 측정 시간에 따라 세심한 조정이 필요하다. 원정대는 밤에는 별을 보고 낮에는 해를 보면서 천문기록을 참고하여 전진했을 것이다.

과거 측량 기록들도 챙겼을 것이다. 지도도 없어서는 안 된다. 다행히 이들이 출발한 1792년 여름에는 프랑스의 지도가 상당히 정밀했다. '1미터 원정대'가 떠나기 불과 3년 전에 세밀한 프랑스 전도가 때마침 완성되었다. 이 지도는 짧게 봐서 30년, 길게 봐서는 120년에 걸친 노고의 결실이었다. 아버지 카시니Cassini의 작업을 아들 카시니가 물려받아 30년 만에 완성했던 것이다. 하지만 지도 제작은 증조할아버지 카시니가 시작해 할아버지 카시니가 이어받은 것을 아버지 카시니와 아들 카시니가 다시 물려받은 것이니, 길게 보면 120년의 대장정이었다. 발달한 수학과 과학으로 정확하게 만든 새

지도를 기존 지도와 비교하던 프랑스 왕들은 한탄했다. 프랑스는 자신들이 알고 있던 것보다 작았던 것이다. “적이 영토를 빼앗은 것보다 우리의 수학자들이 더 많이 빼앗아가는구나.” 루이 15세의 말이다. 진심 어린 탄식이었을까? 수학과 지리학을 좋아했던 루이 15세의 농담이었을까?

측정의 기본, 삼각측량법

길게 뻗은 삼각형들의 연쇄는 측량법의 결과다. 오랜 옛날부터 쓰고 지금도 쓰는 기술이고 삼각측량법이라고 불린다. 길을 걷다가 혹시 그런 풍경을 보신 적이 있는지 모르겠다. 한 사람이 긴 막대를 들고 섰고, 멀리서 다른 사람이 삼발이에 올려진 작은 기계에 눈을 대고는 무언가를 기록하는 풍경 말이다. 길이 바뀌고 옷이 바뀌고 기계가 바뀌긴 했지만 그런 일을 하는 풍경은 아주 오래되었다. 400년이 넘은 책에 삽화로 등장하기도 한다.

강이 있고 배가 있다. 왼쪽 멀리, 돈키호테는 없지만 풍차는 보인다. 앞 왼쪽에 뿌리가 드러난 나무가 있다. 그 위로 등짐을 지고 힘겹게 걷는 사람이 있고 강가에는 배에서 그물을 치는 사람이 있다. 오른쪽 아래에는 네 사람이 보인다. 두 사람이 각도기를 통해 강 건너의 나무를 본다. 등을 돌리고 모자를 쓴 사람은, 칼을 차고 손을 가리키는 것으로 봐서 일행의 우두머리다. 조수들로 보이는 세 사람은

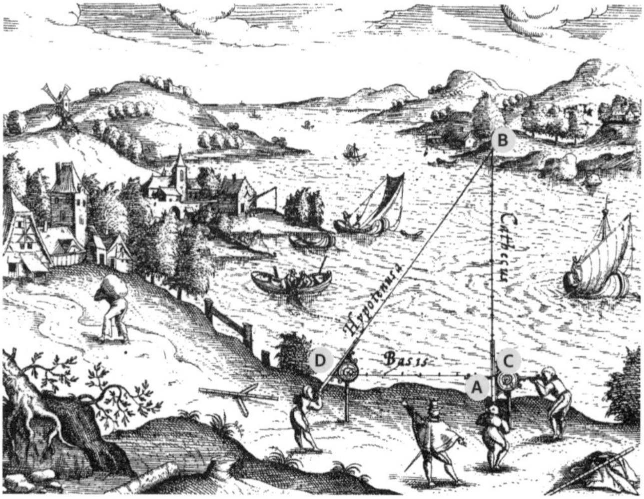

각도기가 달린 긴 통을 보는 중이다. 망원경인 것 같지만, 책이 출판된 연도를 보니 망원경이 발명되기 직전이다. 집중하기 위해 작게 구멍을 낸 통인 게 틀림없다. 셋 중 D와 A에 있는 두 사람은 강 건너 나무를 보고 C에 있는 사람은 D에 있는 사람을 본다. 뭣들 하고 있는 걸까?

책의 원문을 구해 해독하고 싶었지만 아쉽게도 못 구했다. 짐작할 수밖에 없다. 옆 그림처럼 추출해보자. 분명 직각삼각형이다. 마침 밑변, 수직변, 빗변이라는 글자도 써 있다. 직각삼각형, 밑변, 빗변 같은 용어가 나오면 바로 떠오르는 이름이 있다. 피타고라스다. 그 이름을 딴 정리에 따르면, 직각삼각형의 경우 직각을 이루

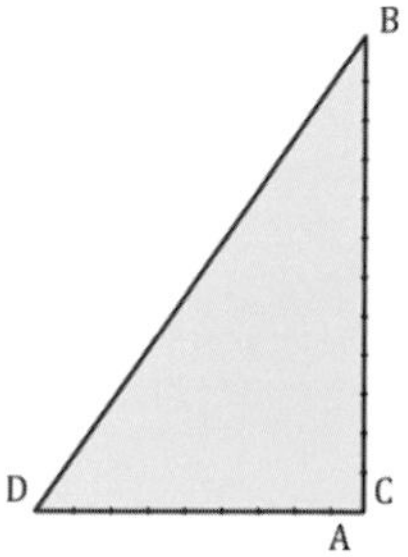

는 두 변을 각각 제곱해서 더하면 빗변의 제곱이 된다. 174쪽 그림의 기호로 쓰면, 각 DCB가 직각일 때 $CD^2+CB^2=DB^2$이다. 세상에서 가장 많이 쓰이는 수학 정리이고 역사상 가장 중요한 수학 정리이고 가장 많은 증명을 거느린 수학 정리다.

이 정리 덕분에 직교 좌표일 때 두 점의 거리를 식으로 표현할 수 있고, 직선과 원도 방정식으로 표현할 수 있다. 그 이야기는 나중에 더 하기로 하자. Tip6 거리를 수로 생각하는 방법 참조 아직 그림을 떠날 때가 아니다. 그림을 크게 해서 잘 보면 밑변은 9칸으로 나뉘어 있고 높이는 12칸으로 되어 있다. 그렇다면 피타고라스 정리에 따라 빗변은 15다. $9^2+12^2=15^2$이니까. 기원전 6세기 사람인 피타고라스가 태어나기 전인 까마득한 옛날부터 이집트, 바빌로니아, 중국에서는 3, 4, 5 길이를 가지는 삼각형은 직각삼각형이라는 사실이 알려져 있었다. 3, 4, 5를 3배씩 하면 9, 12, 15다. 좋다. 이제 그림은 어느 정도 봤다. 이 사람들이 무슨 일을 하는지 추정할 정도는 되었다. 무슨 일을 하는 걸까?

삽화의 삼각형은 두 변의 길이가 9와 12이고 각도 얼추 직각이니 직각삼각형으로 봐도 되겠다. 그렇다면 삽화 속의 사람들은 DB의 길이인 15를 재는 걸까? 그럴 것 같지는 않다. 강 건너까지의 길이인 높이 12를 어떻게 알았는지도 미심쩍은 데다 빗변 15를 알아내는 게 무슨 쓸모가 있는지도 모르겠다. 그래서 그건 아닌 것 같다. 그림을 다시 보자. 흐릿하지만 사람들이 쓰는 도구는 각도기 같다. 그렇다면 C는 D를 보면서 A가 직각으로 나무를 보도록 돕는 역할을 하는 것이다. 밑변 CD는 거리를 잴 수 있다. 그렇다면 이 사람들이 아는 정보는 세 가지다. 밑변 CD, 밑변의 두 끝점에서 나무를 향한 2개의 각도. 됐다. 이제 알 것 같다.

짐작이 옳은지 원문에서 확인하고 싶었지만 그러지 못했다. 그래도 확실하다. 사람들은 강 건너 나무까지의 거리를 재고 있다! 하지만 어떻게 이 세 정보만 갖고 길이를 잴 수 있을까? 방법은 있다. 밑변의 길이가 1이고 두 끝점에서 같은 각도를 갖는 삼각형을 만들어보는 거다. 밑변의 길이 9를 1로 줄였으니 길이를 $\frac{1}{9}$로 축소한 삼각형이다. 그 삼각형의 높이를 재면 $\frac{12}{9}$이고 빗변은 $\frac{15}{9}$일 것이다. 9배 축소했던 변의 길이를 원래대로 9배 확대하면 높이는 12, 빗변은 15가 된다. 그리고 두 각을 알면 남은 각 DBC도 구할 수 있다. 이미 알고 있는 한 변의 길이와 두 각의 크기로 삼각형의 남은 요소인 나머지 두 변과 나머지 각 하나를 알아낸 것이다.

측량을 위한 삼각비

함정에 빠지지 않으려면 함부로 넘겨짚은 데는 없는지 확인해야 한다. 첫째, 밑변을 알고 그 두 끝점에서 두 각이 주어지면 삼각형은 유일하게 하나만 있는가? 둘째, 밑변을 $\frac{1}{9}$배 축소했다고 해서 닮은 삼각형의 다른 두 변도 $\frac{1}{9}$로 축소되는가? 셋째, 삼각형의 두 각을 알면 나머지 한 각을 알 수 있는가?

다행히 이 세 가지 질문은 최소한 2000년 전부터 수학의 고전인 유클리드의 《원론》 제1권과 6권에 증명되어 있다. 수학이기 때문에 그때 참이면 이때도 참이다. 결벽증을 발휘하자면 조심할 게 완전히 해소된 것은 아니다. 우선 유클리드의 증명은 '평면'을 전제로 한다. 그런데 지구는 둥글다. 다만 이 정도 거리는 거의 평면이라고 봐도 되겠다. 그다음으로 나무와 사람이 같은 높이, 즉 평면에 있는지도 확인해야 한다. 다행히 앞의 삽화에는 강이 있고 나무와 사람이 모두 강가에 있으니 비슷한 높이에 있다고도 볼 수 있다. 우리의 추정은 거의 맞았다고 봐도 무방하겠다.

그런데 이런 일이 있을 때마다 축소 삼각형을 만들어 길이를 재고 다시 확대하는 계산을 하면 번거롭다. 일이 복잡하면 틀릴 위험도 늘고 속임수의 기회도 높아진다. 항상 후손을 걱정하는 지혜로운 우리 선조들이 이런 상황을 내버려뒀을 리 없다. 선조들은 직각삼각형과 닮은 삼각형의 원리를 이용해서 삼각비 방법이라는 것을 생각해냈다.

직각삼각형에서 높이 대 빗변을 사인sine, 밑변 대 빗변을 코사인cosine, 높이 대 밑변을 탄젠트tangent라고 불렀다. 그리고 닮은 삼각형들이 몇 개든 각이 정해지면 사인, 코사인, 탄젠트 값은 고정된다. 옆의 그림에서 삼각형 BDC는 삼각형 B'DC', 삼각형 B''DC''와 닮았다. 닮았으니까 각도 모두 같을 것이다. 그중 각 D에 꼭 끼워 맞춘 그림이다.

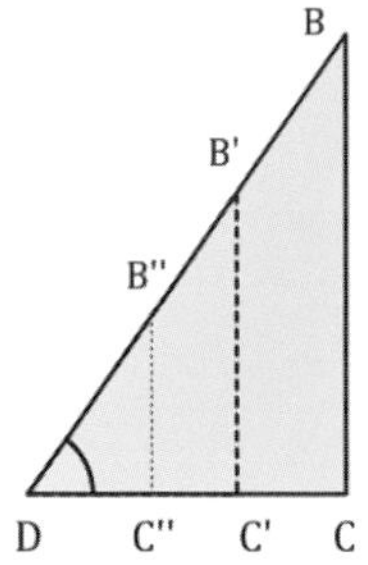

이럴 때는 닮은 삼각형 성질에 따라 다음과 같다.

$$\frac{BC}{BD}=\frac{B'C'}{B'D}=\frac{B''C''}{B''D}$$

즉 각각의 길이는 변해도 비율은 변하지 않는다. 이 상수가 sinD다. 짐작할 수 있듯이 각 D가 0에 가까우면 sinD는 0에 가깝고 직각에 가까우면 sinD는 1에 가깝다. 코사인과 탄젠트도 비슷하게 추론할 수 있다. 그래서 누군가 골방에 틀어박혀 이런저런 직각삼각형을 그리면서 사인표, 코사인표, 탄젠트표를 만들어주는 선행을 베푼다면, 그리고 누군가 그 표를 만드는 더 좋은 기술을 찾아내 소수점 아래 숫자가 더 길어진 더 정밀한 표를 만들어준다면, 이후 모든 사람들의 일손을 한꺼번에 덜어주게 된다.

일어날 법한 일은 일어나고야 말듯이 그런 일도 일어났다. 1500년간 여러 문명을 거치면서 삽화 속의 네 사람이 삽화 속의 일을 할 즈음에는 상당히 정밀한 삼각비 표가 나와 있었다. 그래서 저 사람들은 각도를 잘 재고는 삼각비 표를 보고 계산만 정확하게 하면 되었다.

어떤 계산을 했을까? 상세한 설명은 생략하지만 결과는 이렇다. 우선 삼각형이 아래의 모양이라고 하자.

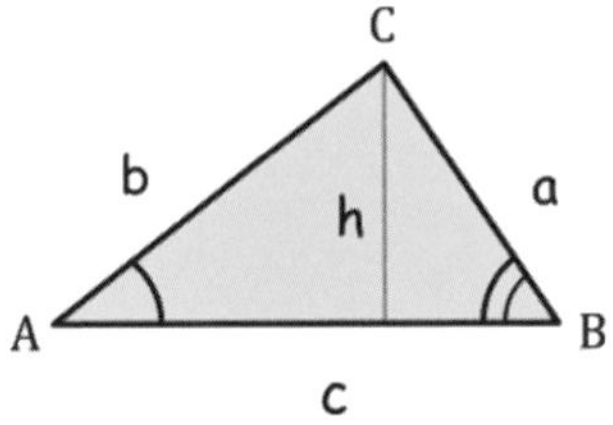

각 A와 각 B와 밑변 c를 알 때 변 a의 길이를 알고 싶다면,

$$\frac{a}{\sin A} = \frac{c}{\sin C}$$

사인표를 보면 분모 부분을 모두 알 수 있고 c는 이미 알고 있으니 비례식을 구성하는 네 요소 중 셋을 알게 되었다. 이제 a를 알아내는 것은 식은 죽 먹기다. 그렇게 세 각과 세 변을 모두 알게 되면 삼각형의 넓이도 쉽게 구할 수 있다. 혹시 이 삼각형의 높이 h를 구하고 싶다면,

$$h = c \times \frac{\sin A \times \sin B}{\sin(A+B)}$$

조금 복잡해 보이지만 수식에 대한 두려움만 놓아버리면 실은 간단하다. 즉 삼각비 책을 펴서 사인표로 책장을 넘기고, 손가락을 짚어가며, 각 A의 사인값과 각 B의 사인값을 찾는다. 그 둘을 곱해서 저장한다. 이 값을 각 A+B의 사인값을 찾아 나눈다. 지금까지의 결과에 길이 c를 곱한다. 그러면 그 값이 찾던 h다!

삼각비를 써서 길이를 알아내던 이 방법은 당시에 널리 쓰였다. 바다에 떠 있는 배는 육지에서 얼마나 떨어져 있나, 산의 높이는 얼마나 되나, 길에서 마을은 얼마나 떨어져 있나 등등 선량한 목적으로 쓰이기도 했지만 수학과 과학이 본래 그렇듯이 파괴를 위해서도 쓰였다. 특히 다음 그림에서 보듯이 대포가 발명된 이후에는 전투에

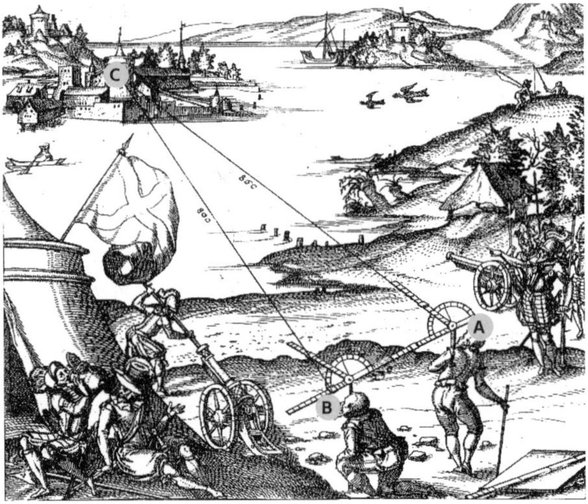

서 필수였다. 당시의 삽화가 증거다.

전투에서는 대포만 쏘는 게 아니다. 칼과 창으로 싸우기도 한다. 싸우려면 낯선 지역으로 들어가야 하고 그러려면 지형을 알아야 한다. 즉 전투에서는 지도가 필수다. 1281년 고려에 온 원나라 사신이 고려의 지도를 달라고 한 것은 배낭여행을 위해서가 아닐 것이다. 지피지기 백전백승이라, 국가 권력을 내부에서 단단히 쥐려고 해도 지도는 필요하다. 1600년 전후 전쟁이 잦던 유럽에 지도 제작 바람이 불면서 1800년 전후에는 정확한 지도를 만드는 것이 국가의 주요 사업으로 떠올랐다. 물론 수학적인 의미에서 지도의 성패는 각과 길이와 넓이에 달려 있다. 각과 길이와 넓이를 잘 재야 하고 계산을 잘 해야 한다. 그 과정에서 삼각측량법이 핵심 역할을 했다. 땅따먹기 놀이를 하듯이 가상의 삼각형들을 이어가며 땅 전체를 덮으면 지도가 나올 것 같다. 실제로 그렇게들 했다. 국가마다 각도기와 삼각비 표를 들고 다니는 사람들이 전 국토를 삼각형으로 덮어갔다. 에베레스트가 에베레스트산의 높이를 재기도 했다. 더 좋은 계산 방법이 나오고 표도 점점 좋아졌다. 이런 국가 사업에는 수학의 거인들도 참여했다. 오일러Leonhard Euler는 러시아에서, 4대에 걸친 카시니 일가는 프랑스에서, 가우스는 독일에서.

혁명의 바람, 프랑스의 미터법

그리고 우리의 1미터 원정대도 지겹도록 반복해서 그 방법을 썼다. 좀더 상상을 보태자. 원정대는 이렇게 했을 것이다. 자오선 근처에서 측정하기 좋은 두 지점을 선택한다. 두 지점의 길이를 잰다. 기준이 될 제3의 점을 선택한다. 그 점은 큰 나무가 선 자리일 수도 있고 성당일 수도 있고 우물일 수도 있다. 맨눈으로는 안 보이지만 마음의 눈으로 보면 거기 삼각형이 있다. 이미 길이를 잰 밑변의 끝점에서 제3의 점을 보며 각도를 잰다. 삼각비 표를 본다. 계산한다. 계산이 맞는지 확인한다.

맞다. 선분부터 제3의 점까지 거리를 확정한다. 오케이 하며 공책에 기록한다. 이미 삼각형이 하나 만들어졌기 때문에 그중 한 변을 기준으로 자오선 쪽에 제4의 점을 찍고 전진한다. 같은 일을 반복한다. 같은 일을 또 반복. 반복. 반복.

중간중간에 어떤 점을 찍으면서 일이 잘되고 있는지 확인도 했을 것이다. 멈춰 서서 중간 점검을 하지 않고 전진만 하다가는 스스로 속기 딱 좋으니 말이다. 작은 실수는 계산이 반복되면서 누적된다. 처음에는 싹이지만 내버려두면 넝쿨이 되어 계산 전체를 덮어버린다.

확인하는 방법 중에 이런 것이 있다. 세 점 A, B, C의 좌표를 지정했으면, 그 삼각형 안으로 들어가 한 점 D를 지정한다. 확인하고 싶은 점이므로 그 점은 예상된 좌표를 가지고 있을 것이다. 그 점에서 세 꼭짓점을 보며 세 각(그림에서 각 ADC, 각 CDB, 각 BDA)을 잰다. 그다음 세 점의 좌표와 세 각으로 점 D의 좌표를 구한다. 삼각비 표를 보고 말이다.

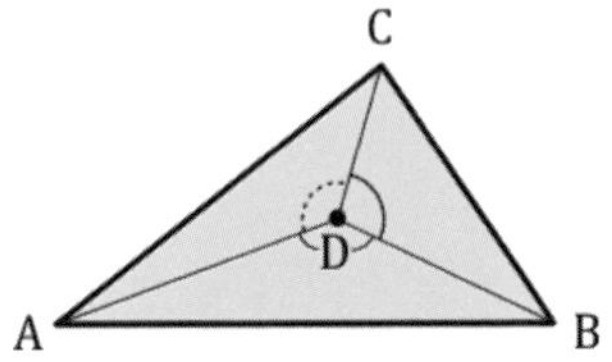

이렇게 구한 D의 좌표가 예상과 같다면 일이 잘되고 있고 전진해도 좋다는 뜻이다. 여기서 우리는 최소한 이런 사실은 안다. 지구라는 현실을 수학의 눈으로 보면서 삼각형을 만들고 길이와 각을 재고는 표를 참고하여 우리가 지정한 점들의 좌표와 거리를 찾고 이를 확인하는 과정을 되풀이하면, 그렇게 삼각형으로 지구 전체를 덮으면 어떤 지점에서 어떤 지점까지의 거리가 정확히 측정된 좋은 지도가 나온다는 사실 말이다.

사실 지구는 평지가 아니므로 측정은 더 많아지고 알고리즘도 더 필요하고 계산도 더 복잡하다. 삼각형을 측정하면서 자오선을 정확히 따라가야 하고, 자오선의 길이도 정해야 한다. 게다가 지구는 둥글다. 그 사실이 짧은 거리에서는 큰 문제가 안 되지만 긴 거리일 때는 둥근 정도를 어떻게 반영할지도 고려해야 한다.

수학만 해도 꽤 복잡하다. 현실도 만만치 않다. 측량할 점을 찾는 것부터 간단한 일은 아니다. 강과 산과 숲과 건축물이 방해하고 때로는 술 취한 행인이 측량하는 사람들에게 시비를 걸기도 한다. 뒤숭숭한 정치 상황이라 민심도 거친 데다 군인들도 원정대를 구경만 하지는 않았을 것이다. 비도 오고 눈도 온다. 당장 숙식부터 문제고 배탈도 났을 것이다. 누구는 낯선 곳에서 여인과 사랑에 빠졌을 것이고, 누구는 고향에 두고 온 가족 생각에 어떤 날은 일할 맛이 안 났을 것이다. 하지만 두 원정대는 이 모든 역경을 이기고 6여 년 만에 북극에서 적도까지 거리의 10분의 1인 덩케르크에서 바르셀로나까지 갔고 마침내 임무를 완수했다.

프랑스 원정대가 들려주는 이야기

1미터 원정대는 한 변과 두 각을 알면 제3의 점을 찍어 삼각형을 만들고 그 삼각형의 다른 요소를 알아낸다는 발상에서 만들어졌다. 그 발상을 거울에 비춘 생각의 결과가 현대의 GPS 기술이다. 다만 삼각측량법에서는 두 각이 열쇠인 반면 GPS에서는 두 길이가 열쇠다. 실제 지구는 3차원이고 중력 등의 여러 변수를 지니고 있지만 거기까지 알 필요는 없겠다. 다만 내비게이션이 '300미터 앞에서 우회전 하세요', '2킬로미터 직진입니다', '전방에 과속 방지턱입니다' 등등의 말을 하기 위해 가장 먼저 무엇을 하는지 이 기회에 아는 것도 나쁘지는 않겠다.

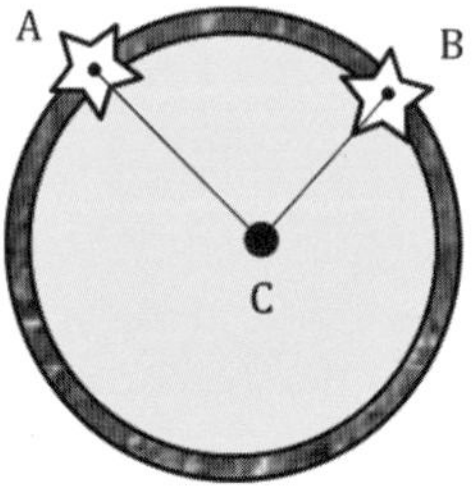

상황을 2차원으로 단순화해보겠다. 나는 C고 눈이 없다. 나는 큰 원 안의 어딘가에 있는데 주위에 무엇이 있는지 모른다. 내가 어디에 있는지 나 혼자는 알 수 없다. 그래서 나는 나를 돕는 친구들을 두었다. 그 친구들은 내 위성이다. 그러나 내 위성 친구들은 나 말고도 원 안에 친구들이 아주 많아서 나만 보고 있을 수는 없다. 그래서 내 위치를 매 순간 바로 알려줄 여력이 없다. 원 안에 있는 모든 친구들의 자리를 동시에 알려줘야 한다. 그러기 위해 위성 친구들은 우리가 사는 원 주위를 빙빙 돌며 매 순간 소리친다. 위성 A는 이렇게 말한다. "내 좌표는 얼마 얼마야. 그리고 지금은 몇 시 몇 분 몇 초야." 위성 B도 자신의 위치와 시간을 말한다.

그게 전부다. 그렇게 해주는 두 위성만 있으면 나 C는 내 위치를 알 수 있다. 나 말고도 원 안에서 그 소리를 들을 수 있는 사람은 누구나 자기의 좌표를 알 수 있다. 대신 각자 정확한 시간을 아는 능력은 있어야 하고, 수학도 조금 할 줄 알아야 한다. 나 C의 경우를 예로 들어보겠다. 나는 A의 말을 듣고 시간을 확인한다. A가 말한 시간과 내가 받은 시간은 약간 차이 날 것이다. 나는 소리가 몇 초에 얼마나

가는지 안다. 그래서 그 시간 차로 A와 나 사이의 거리를 계산한다. 그 정도는 간단한 계산이다. 즉 나 C는 A의 위치와 함께 A와 나 사이의 거리를 알게 된 것이다.

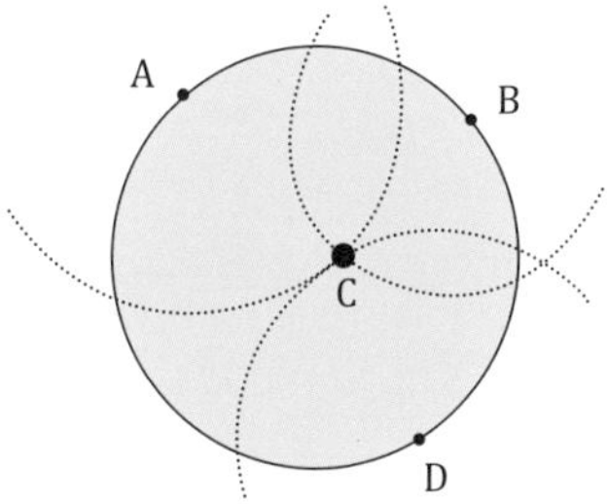

이제 수학의 시간이다. 점 A의 좌표를 중심으로 하고 A와 나 사이의 거리를 반지름으로 하는 원 어딘가에 내가 있다는 것을 나는 안다. 오른쪽 그림처럼 왼쪽 점선 원호의 어딘가에 있는 것이다. 정확한 위치는 아직 모른다. 정확한 위치는 위성 B의 말로 안다. 어떻게? 이번에는 B의 좌표를 중심으로 하고 나와 B 사이의 거리를 반지름으로 하는 원을 구하는 것이다. 직교 좌표계에서 피타고라스 정리의 도움을 받아 원은 방정식으로 바꿀 수 있으니 두 원의 교차 지점은 방정식 2개를 동시에 만족하는 해뿐이다.

꽤 복잡해 보이지만 사실은 숫자만 오가고 GPS는 이 일만 하는 기계이기 때문에 빛의 속도로 모든 것이 끝난다. 계산 결과 두 원의 교차 지점의 좌표가 나오고 거기에 내가 있게 된다. 1미터 원정대처럼 여기서도 확인 작업은 거쳐야 한다. 지도 작업에서는 각으로 확인했지만 여기서는 길이로 확인한다. 그래서 길이를 알려주는 제3의 위성이 필요한 것이다.

위성 D는 확인용 위성이다. 이 위성도 자신의 위치와 시간을 전송한다. 나는 같은 일을 반복한다. D의 위치가 중심이고 D와 나 사이의 거리가 반지름인 세 번째 원이 나온다. 그 원이 방금 계산한 내 위치를 지나간다면 나의 위치는 정확하다. 내 위치가 맞다면 지도 정보를 이용해 내 주위에 무엇이 있는지도 파악하고 나에게 자세히 말해준다. 무려, 졸음 운전을 하지 않도록 휴게소에서 쉬었다 가라는 말까지!

지구에서도 원리는 같다. 다만 3차원이니까 위성이 최소 3개, 확인용 위성까지 4개 필요하다. 여기서 무엇보다 중요한 것은 모두 같은 시계를 내장하고 그 시계는 매우 정확해야 한다는 점이다. 인공위성에 내장된 시계는 초정밀 원자시계다. 그보다 훨씬 값싼 우리의 GPS 기기의 내장 시계는 그럴 수 없다. 그래서 세상의 모든 GPS 기기에 시간을 뿌려주는 위성도 있어야 한다. 그 시간이 우리에게 도달하면 우리는 시간의 차이와 수학으로 우리의 공간 위치를 안다.

세상의 모든 시간, 하늘에서 흩뿌려지는 시간들, 시간의 도달, 시간의 차이로 드러나는 공간. 음, 이 정도면 시詩 아닌가? 친구 위성들이 들리지 않는 노래를 하면 우리는 그 노래를 듣고 해석한다. 결국 우리는 안다. 지금 어디에 있는지, 어디로 가야 하는지를.

나라마다 마을마다 직업마다 다른 길이 체계를 쓰던 낡은 관행을 철폐하고 단일한 단위 길이를 정해 십진법 체계로 길이 체계를 잡자. 수처럼 길이에 대해서도 공통 언어를 갖자. 공동의 집인 지구를 기준으로 단위 길이를 제정하자. 그것이 1미터 원정대가 200년 전 우리에게 뿌린 노래다. 그렇게, 1미터 원정대는 우리의 친구 위성이다. 그 노래를 우리는 해석해야 한다. 그 깨어 있는 이성이 우리의 마음속 GPS다.

미터법은 비효율에 대한 저항이고 속임수에 대한 저항이다. 극단을 상상해보자. 사람마다 자기의 길이 체계를 주장한다면? 상상만 해도 어지럽다. 저마다 옳고, 그래서 누구도 옳지 않은 상황이다. 다른 길이 체계들끼리 복잡하게 부딪쳐 혼돈을 낳는다. 혼돈은 속임수와 실수의 온상이다. 그렇다. 길이 척도의 바벨탑을 무너뜨린 1미터 원정대가 하는 말은 결국 이것이었다.

혼돈에서 속임수가 자란다. 자를 만들자. 자를 대자.

Tip6 거리를 수로 생각하는 방법

수학이 탄생한 이래 인류가 그런 상상을 하기까지 수천 년이 걸렸지만 우리는 거두절미하고 직교 좌표가 있다고 상상해보자. 왜 이것이 상상하기 어려웠는지, 인류가 언제쯤 이런 상상을 했는지 등에 대해서 말하자면 긴 이야기가 되니 여기서는 입을 다물기로 한다. 다만 학교에서 배운 대로 직교 좌표가 있다고 보고 직교 좌표가 무엇을 할 수 있는지만 말하기로 한다.

평면, 완전 무결한 평면이 있다면 거기 어떤 점이 어디에 있건 위치를 포착하기가 어렵다. 위도와 경도라는 개념이 없으면 지구에 있는 어떤 위치를 포착해서 나타내기가 어려운 것과 같다. 그런데 지구에 기준을 잡고 위도와 경도를 주듯이 평면에서도 좌표를 줘보자. 즉 한 점을 기준점으로 잡고 그 점을 교차하는 직선 2개를 그어보는 것이다. 기왕이면 그냥 직선이 아니라 수직선을 부여한다. 그러면 현재 나의 위치를 지구의 위도와 경도의 쌍으로 나타낼 수 있듯이 평면 위의 어떤 점도 수 2개의 쌍으로 위치를 지정할 수 있게 된다.

가장 쉽고 합리적인 좌표 부여 방법은 무엇일까? 모르긴 몰라도 기준점을 (0, 0)으로 표시하고, 두 직선이 그 기준점을 직각으로 교차하게 한 다음, 그 위쪽과 오른쪽에는 양수, 아래쪽과 왼쪽에는 음수를 부여하는 방법일 것이다. 우리도 그렇게 하자. 그러면 그림 1처럼 한 점 A가 우리가 설정한 좌표 평면에 있을 경우 (2, 3)이라는 수의 쌍으로 위치를 나타낼 수 있게 된다. 이때 (2, 3)을 점 A의 좌표라고 부른다.

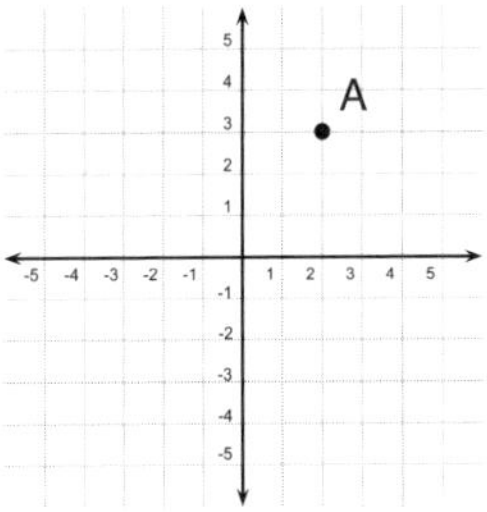

그림 1

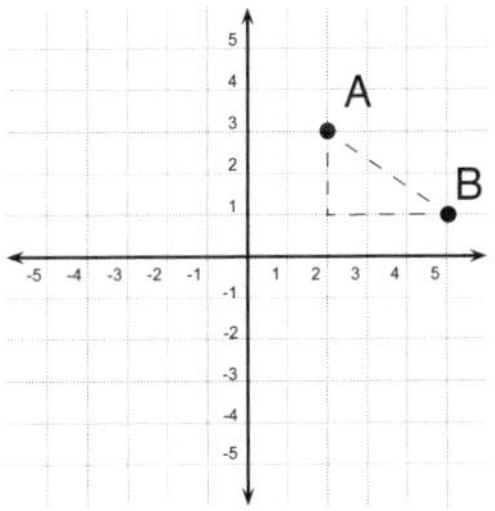

그림 2

그림 2에서 점 A와 점 B의 거리도 수로 나타낼 수 있다. 직각삼각형의 빗변의 길이이기 때문에, 피타고라스 정리에 따라 $(3-1)^2+(5-2)^2=AB^2$인 것이다. 그래서 AB^2은 13이고 따라서 AB의 길이는 $\sqrt{13}$이다. 3보다는 조금 길고 4보다는 조금 짧다. 조금 더 정확히는 3.6 정도다. $\sqrt{13}$은 자연수 n과 m을 쓰는 분수 $\frac{n}{m}$으로 나타낼 수 없다. 그래서 소수점을 써서 정확히 나타낼 수는 없다.

뿐만 아니라 직선과 원도 수식으로 나타낼 수 있다.

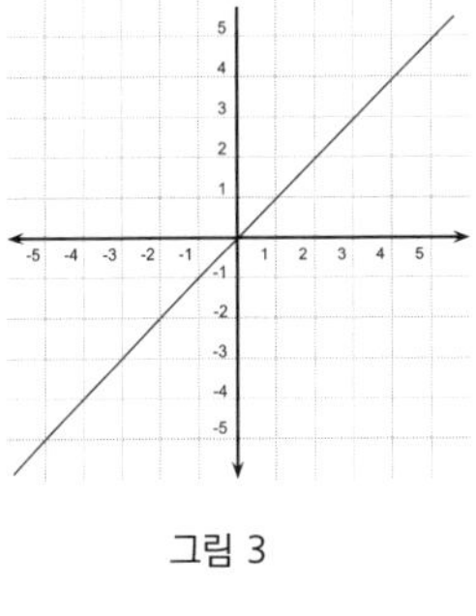

그림 3

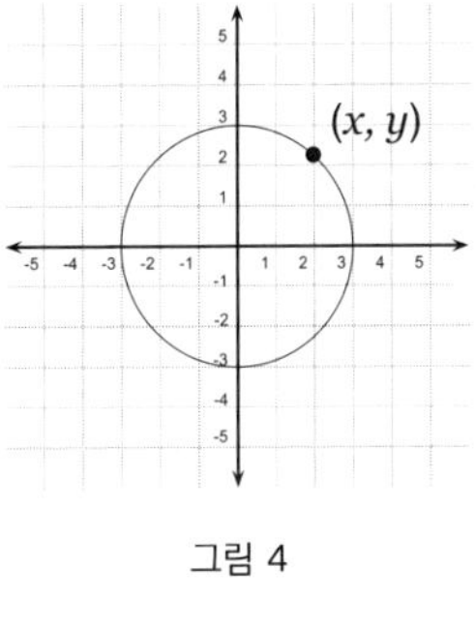

그림 4

우리의 좌표계에서 가로축을 x로, 세로축을 y로 나타낸다면

그림 3의 경우 기준점을 지나는 직선은 $y = x$라는 1차방정식으로 나타낼 수 있다. 그 직선상의 어떤 점들을 봐도, 예를 들어 (−2, −2), (−1, −1), (0, 0), (1, 1), (2, 2)처럼, 좌표의 x축 요소와 y축 요소가 같기 때문이다. 그림 4에는 원이 있다. 원의 어떤 점도 중심에서 같은 거리에 있다는 사실을 주목하고 거리를 수로 나타냈던 앞의 경험을 투영하면 원도 수식으로 번역된다. 원에 아무 점이나 잡고 그 좌표를 (x, y)라 놓으면 그 점과 기준점 (0, 0) 사이의 거리가 반지름이 된다. 그런데 그림 4에서 반지름은 3이다. 그렇다면 원의 어떤 점이든 $(x-0)^2+(y-0)^2=3^2$으로, 더 간단히는 $x^2+y^2=3^2$이라는 2차방정식의 꼴로 쓸 수 있다.

직교 좌표 덕분에 점과 거리와 직선과 원을 모두 수와 식으로 대체할 수 있게 된 것이다. 직교 좌표계는 어찌 보면 매우 쉬운 상상인 것 같지만 여기 오기까지 인류는 무척 오래 걸렸다. 그러나 한번 이 상상에 도달하자 수학은 빅뱅을 한다.

9장

화가가 사랑한 수학

비례법, 2D를 3D 세상으로 이끌다

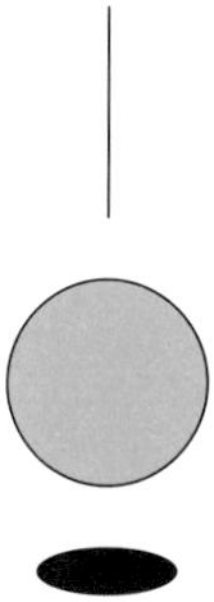

여우와 황새의 이야기다. 여우가 황새를 식사에 초대해놓고 넓은 접시에 멀건 죽을 내온다. 부리가 긴 황새는 먹지 못해 굶은 채로 돌아간다. 며칠 뒤 황새는 여우를 식사에 초대해서 구멍이 좁고 목이 긴 병에 음식을 담아낸다. 여우는 냄새만 맡지, 먹을 수 없다. 여우는 황새가 복수하기 위해 초대했다는 것을 깨닫는다. 황새는 뿌린 대로 거두는 거라고 한마디 해준다.

이솝 우화에 전하는 이야기다. 얼개만 요약해서 이렇지, 살을 붙이기에 따라 미묘한 차이가 생기고 그로부터 의미가 달라진다. 여우가 처음부터 황새를 놀리려고 간사한 짓을 했다고 보고 인과응보의 교훈을 붙일 수도 있고, 여우와 황새의 치고받음을 동등하게 놓고 최후에 웃는 자가 진짜 웃는 자라고 처세술의 교훈을 붙일 수도 있다. 미국 연방대법원은 1971년의 유명한 판결문에서 '여우와 황새에게 균등하게 우유를 주는 것이 진정한 기회 균등인가'라고 물으며 사회적 기회 균등에 대한 묵직한 메시지를 던졌다. 그런가 하면 우화 작가 라퐁텐은 여우가 가난한 본성을 못 이겨 인색하게 굴자, 넉넉하게 사는 황새가 따끔하게 깨우쳐주는 이야기로 바꾼 다음 다소 엉뚱하게 마무리한다. "여우는 굶은 채로 돌아간다. 창피해서 꼬리를 감추고 귀를 축 늘어뜨린 채. 속이는 자들이여, 너희들도 똑같은 일을 당할 것이다."

여우와 황새로 바라보는 비례식

여우와 황새 이야기를 수학의 관점에서 보면 어떨까? 그러려면 요약한 얼개에서 더 줄여 골격만 남겨야 한다. 초대며 식사며 시간이며 복수며 하는 것들은 모두 바람에 날려버리고 남은 것들만 추려보면 이렇게 쓸 수 있다.

여우 : 황새 = 넓은 접시 : 긴 병

흠. 너무 줄였나? 이것으로 무슨 이야기를 하지? 수학적인 문장으로 쓰고 보니 너무 건조해져서 이것으로 교훈과 처세술을 말할 수는 없을 것 같다. 하기야 수학은 본래 그것을 지향하지 않으니 억지로 이야기를 끌어내기보다 이 건조한 골격 자체를 변형하는 쪽으로 나아가겠다. 골격 안에서 구성 요소를 바꿔보는 것이다. 다음과 같이 말이다. '여우 : 황새 = 주둥이 : x' '여기서 x는 무엇일까요?' '부리요!' 맞는 답이긴 한데 문득 싱거운 질문이었다는 생각이 든다. 그래도 성급하게 포기하지는 않겠다. 질문을 살짝 바꿔볼까? '여우 : 말 = 접시 : x'

이전보다는 나은 것 같다. x에 무엇을 넣어야 할지 바로 답이 생각나지는 않지만 일단 생각하도록 자극을 받았으니 말이다. 기왕 변형을 시도하는 것, 여우니 황새니 하는 것들까지 바꿔보자. 대한민국 : 서울 = 미국 : x 또는 돼지 : 꿀꿀 = 개 : x도 있다. 아직은 흥미를 일으키는 사례가 나오지 않았다. 답이 너무 뻔해서 그렇다. 어떤 질문을 해보면 좋을까?

'도스토옙스키 : 《죄와 벌》 = 빅토르 위고 : x' 이런 질문은 어떨까? 《노트르담 드 파리》이라고 답할 수도 있고 《레미제라블》이라고 답할 수도 있어서 답하는 사람의 문학적 소견을 볼 수 있겠다. 자, 독자 여러분도 나름의 답을 생각해보기를 바란다. '기독교 : 사랑 = 유교 : x' 여기까지 해보니 매우 단순한 이 생각법을 밀고 가면 어디까지 갈지 아직 알 수 없고, 잘만 하면 처음 예상보다 꽤 멀리까지 갈 것 같다.

골격을 더 단순하게 하면 더 다양하게 생각할 수 있으니 이런 구조를 수학이 그냥 두었을 리 없다. 비례식이라고 부르는 구조다. 더할 나위 없이 건조하게 써보면 이렇다.

$$A : B = C : D$$

A, B의 두 항목과 C, D의 두 항목을 비교하는 것이기도 하고, A, B, C, D의 네 항목 중 아무것이나 셋을 알 때 모르는 하나를 찾는 행위라고 볼 수도 있다. 수학이니까 수를 갖고 해보자. 예를 들면 4 : 2 = 10 : 5가 있다고 하자. 여전히 싱거운 예시지만 그래도 이런 생각법은 인류가 문명을 발전시키는 지렛대 역할을 했다. 그림 하나를 보자.

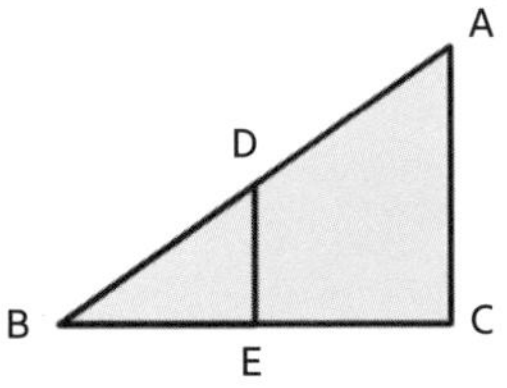

이 그림에서 큰 삼각형 ABC와 작은 삼각형 DBE가 닮았다면, 그리고 예를 들어, 점 A부터 C까지의 거리를 AC라고 줄여 쓰면 BE : BC = DE : AC라는 관계가 성립한다. 그러니 우리가 BE, BC, DE라는 세 거리를 알면 거리 AC를 알아낼 희망이 생긴다. 이 희망을 완성하는 절묘한 한 수가 있으니 바로 이 문장이다.

네 수 a, b, c, d 사이에 a : b = c : d 관계가 성립하면
a × d = b × c 관계도 성립한다.
또한 a × d = b × c 관계가 성립하면 a : b = c : d 관계도 성립한다.

이게 정말 참말인지, 꼬치꼬치 따져 밝히면 재미있을 것 같지만 그러다가 날 샐지 모르니 참고 넘어간다. 아무튼 저 문장, 참으로 힘찬 문장이다. 일단 이 힘찬 문장이 맞다고 치자. 그리고 거리를 쟀더니 $5 : 10 = 3 : x$ 였다면 $5x = 30$이 되고 간단한 나눗셈으로 AC의 길이 6을 얻게 된다. 알고 있던 세 수로 모르고 있던 네 번째 수를 구한 것이다.

호들갑 한번 대단하다. 삼각형이 뭐 어쨌다고 인류 문명의 지렛대야? 반문하기 전에 이 그림이 덜고 덜어 골격만 남긴 것이라는 사실을 먼저 상기해야 한다. 여기에 살을 어떻게 붙이느냐에 따라 이 그림은 많은 이야기를 담을 수 있다. 점 A의 자리부터 점 E의 자리까지 무엇이든 넣어볼 수 있다. 생각나는 대로 그려봤다.

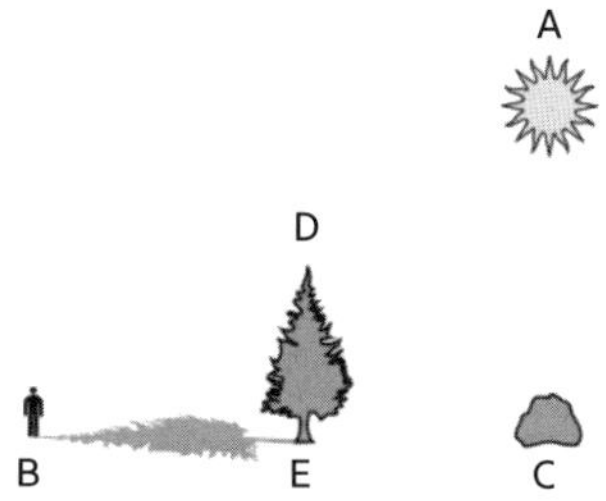

위 그림은 A부터 E까지의 자리에 해, 사람의 발끝, 바위, 나무의 위 끝, 나무의 아래 끝을 대응시켰다. 그래서 사람부터 나무까지의 거리(BE), 사람부터 바위까지의 거리(BC), 나무의 키(DE)를 알면, 도저히 도달할 수 없는 그곳, 태양까지의 거리를 구할 수 있다. 우리가 BE, BC, DE라는 세 거리를 얼마나 정확히 측정하느냐가 문제지만 최소한 이론이 있다는 사실 자체가 중요하다. 나무의 키를 재고 싶을 때도 마찬가지다.

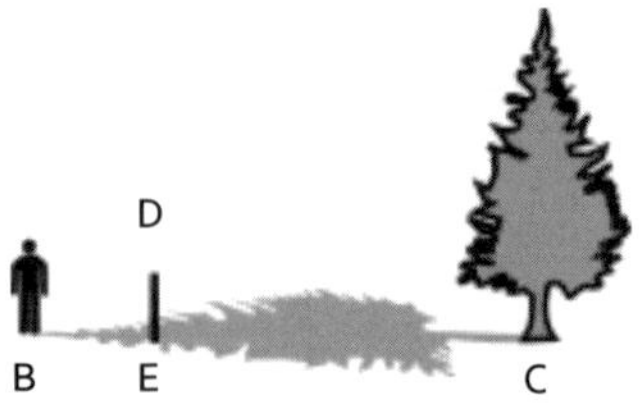

사람부터 막대까지의 거리(BE), 사람부터 나무까지의 거리(BC), 막대의 키(DE)를 알면 되니까 말이다. 즉 막대 하나만 잘 쓰면 나무의 높이를 잴 수 있다. 그리고 나무 높이를 재면 태양까지의 거리도 잴 수 있다. 막대 하나가 그렇게 중요하다니(아 깜박했다. 막대 이전에 비례법을 터득했어야 한다). 막대를 쓰는 방식은 막대 하나를 대가며 사람부터 나무까지, 즉 BC의 거리를 직접 가봐야 한다는 게 문제다. 그 사이에 강이라도 있으면 갈 수가 없다. 그러나 우리의 선조들이 어떤 사람들인가. 이 정도의 장애를 극복 못했을 리 없다. 상세한 설명은 생략하지만, 2000년 전에 고대 중국인이 막대 2개로 이 장애를 극복하는 모습을 담은 그림이 있다. 옆 그림이다. 그림은 오른쪽 아래에 짙은 색으로 그려진 막대 2개로 바다 건너 섬의 높이를 재는 모습을 묘사하고 있다. 그 고대 중국인은 '중국의 아르키메데스'라고도 칭송받는 유휘劉徽이고 이 그림을 담은 얇디 얇은

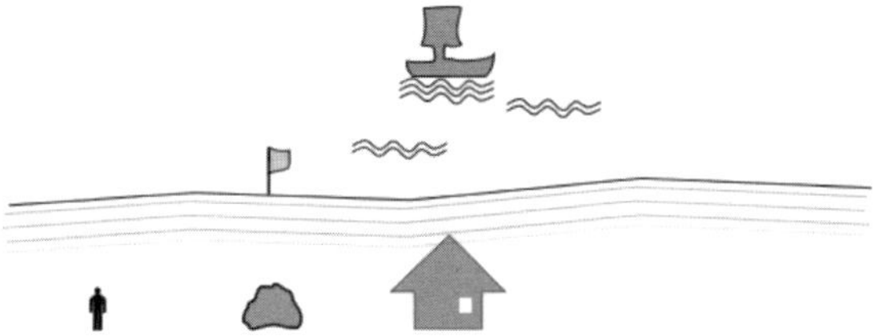

소책자의 제목은 《해도산경海島算經》이다.

하지만 꼭 높이여야 하는 것은 아니다.

그림처럼 집에서 배까지의 거리도 잴 수 있다. 집과 배가 아니어도 된다. 어떤 지점에서 다른 지점까지 직접 가보지 않고도 잴 수 있는 것이다! 문득 지도가 떠오른다. 지도란 결국 형태와 규모, 즉 각과 거리의 문제이기 때문이다. 지도 하면 정복과 항해의 도구, 세계를 보는 관점, 투영법의 수학 같은 거창한 말이 생각난다. 그러나 이 말을 계속하면 이야기가 삼천포로 빠질 것 같다. 뒤에 차분하게 이야기를 나누겠다.

보는 방법을 바꾸다

A:B = C:D는 아름다운 문장이라 아름다움을 개척하는 데에도 참여한다. 알베르티, 델라 프란체스카, 우첼로, 다 빈치, 뒤러 등등에게는 비슷한 점이 많다. 르네상스라는 비슷한 시기에 살았고 시각

예술 분야에서 당대 최고였으며 모두 이론에 밝았다. 또한 수학 공부를 열심히 해서 수학책에 삽화를 그리거나 새로운 회화법을 개척하는 일에도 수학을 적극 활용했다. 다 빈치는 자신의 회화론 노트에 "기하학을 모르는 사람은 내 글을 이해할 수 없다"라고 썼고, 뒤러는 비례식을 응용해 그림 그리는 장비를 발명했을 뿐만 아니라 아예 수학책까지 썼다. 이런 원근법 장비는 광학 장비로 발전하는데, 〈진주 귀걸이를 한 소녀〉로 유명한 페르메이르를 비롯해서 16~17세기 화가들이 광학 기구의 도움을 받아 그림을 그렸다는 매우 그럴듯한 주장도 있다.

이 새로운 회화법이 바로 원근법이다. 세상을 보는 눈을 바꾸었다고 평가받는 원근법의 핵심은 눈에 보이는 대로 화폭에 나타내는 것이다. "어쩜 이렇게 똑같이 그렸지?" 하는 바로 그것 말이다. 그렇게 그리려면 가까이 있는 것은 크게 그리고 멀리 있는 것은 작게 그려야 한다. 그것이 기본이지만 그것만으로는 안 되고 비율이 딱딱 맞아야 한다. 그래야 현실이 어색하지 않게 화폭에 구현될 테니까. 그리고 비율을 맞추었다는 것은 A:B = C:D를 잘 썼다는 뜻이다.

원근법이 탄생하던 시기에 이름을 날렸던 페루지노Perugino의 그림이다. 네모로 구획된 밑바닥을 먼저 보자. 앞은 크게 뒤는 작게 그렸다. 소실점을 향해 가면서 사각형들이 비례해 작아진다. 또한 제1열에 있는 인물의 키가 네모 하나에서 차지하는 비율과 제5열에 있는 인물의 키가 네모 하나에서 차지하는 비율은 얼추 같다. 이 원칙은 제6열, 제7열로 멀어져도 마찬가지다. A:B = C:D를 써서 조정하

지 않고는 불가능한 일이다. 건물도 나무도 산도 그렇다. 이렇게 해서 3차원 공간이 2차원 화폭에 담겨도 현실과 닮아 보이게 되고, 예수님은 우리와 함께 살아 있는 듯한 착각을 일으킨다. 현대인이야 이런 그림을 하도 많이 봐서 놀라지 않지만 이런 그림을 처음 본 당시 사람의 충격은 어땠을까? 비례법을 써서 이렇게 표현할 수 있을 것 같다. '원근법 그림 : 당대인의 충격 = 3D 영화 : 현대인의 충격.'

상황이 이렇다 보니 원근법을 창시한 화가들은 수학 공부를 할 수밖에 없었다. 원근법은 회화에 수학을 도입한 것이고, 따라서 회화를 기계로 구현할 이론이 마련된 셈이다. 그 결과물이 사진기다. 그래서 사진을 보면서 사진 안에 있는 사람의 키(A)와 집의 크기(B)와 사진 밖의 집의 크기(D)를 알면 그 사람의 진짜 키(C)를 알아맞힐 수 있는 것이다.

TV를 보면서 축구 선수의 장거리 포의 거리가 얼마인지 해설자가 말을 안 해줘도 꼼꼼한 마음만 있으면 알 수 있고, 사진을 여러 장 찍어 빠르게 보여주는 영화를 보면서 현실인 듯 몰입할 수 있는 것도 그 기저에 A : B = C : D라는 비례법이 있기 때문에 가능한 일이다. 역시 비례법은 대단했다. 오죽했으면 다윈이 한 편지에서 이렇게 말했을까! "나는 측정과 비례법을 안 쓴 것은 그것이 무엇이든 믿지 않는다."

소박한 이야기로 잠깐 숨을 돌려보자. 짭짜리 이야기다. 실화다. 짭짜리는 봄이면 봄기운에 실려서 나타나는 토마토의 일종이다(대저토마토로 알려져 있다). 보통 토마토보다 작고 단단하다. 지금이야 제법 알려졌지만 이 이야기는 짭짜리가 맛있다고 소문나기 한참 전의 일이다. 우연찮게 짭짜리를 먹어본 뒤로 나는 짭짜리 팬이 되어 짭짜리 때문에 새봄이 반가운 사람이 되었다. 서울에서 사람들을 만나는 도중 어쩌다가 그 말이 나왔다. 짭짜리를 처음 들어본 사람들이 그게 뭐냐고 묻기에 이렇게 답했다. "보통 토마토가 아메리카노라면 짭짜리는 에스프레소죠."

그 한 문장에 일동은 모두 "아! 아!" 했다. 당신의 말이 이해 안 되지만 이쯤 하고 넘어가자는 표정이 아니었다. 그들의 표정과 눈빛은 분명히 말했다. "나 이제 짭짜리가 뭔지 알았어"라고.

익숙한 것 3개에서 모르는 것 하나를 나타내는 기술로 이것보다 효율적인 것이 또 있을까. 신형 프로세서를 발표하는 자리에서 기업 대표는 "구형 프로세서가 평범한 자동차라면 이 프로세서는 페라리 스포츠카죠"라고 광고하여 한 문장으로 새 제품의 이미지를 청중의 마음속에 강하게 남겼다. 독서를 특별히 강조하고 싶으면 백 마디 말보다 '몸에 음식이 필요하듯 마음에는 독서가 필요하다'는 한 문장이 듣는 사람에게 쉽게 먹힌다. 글 : 글자 = 음악 : 음표라고 표현하면 관계들이 서로를 지지하면서 뭔가 안정감을 준다.

사람을 속이기도 하고

비례법을 적용한 문장은 그렇게 쉽게 먹히기 때문에 과장과 속임수의 도구가 되기도 쉽다. 구종 : 자동차 = 신종 : 페라리라고 할 때, 구형 프로세서에 비해 신형 프로세서가 정말로 보통 자동차에 비해 페라리 스포츠카일까? 연산 속도가 그렇게 빠르다 쳐도, 은근히 억 소리 나는 페라리의 이미지까지 덤으로 붙여 과장한 것은 아닐까? 그래도 이 정도야 뭐, 애교라고 봐준다. 하지만 사도 바울의 비례법은 말의 엄중함 때문에 괜히 마음을 심란하게 한다. '그리스도께서 교회의 머리이듯 남편은 집의 머리다.'

이것이 사도 바울의 비례법 문장이다. 바울은 이로부터 결론을 파생시킨다. 남편은 아내의 주인이며 아내는 남편에게 복종해야 한다고. 일단 여기에서 반감이 들지만 우리는 수학의 관점으로 보는 중이니까 감정은 일단 꿀꺽 삼키기로 한다. 게다가 말씀의 핵심은 복종이 아닐지 모른다. 이어서 그리스도가 교회를 사랑하셨듯이 남편은 아내를 사랑하라는 가르침이 있으니까 결국 서로 사랑하라는 말씀일 것이다.

그러나 감정을 누르고 수학의 관점으로 판단해도 사도 바울의 문장은 과장이 심하다. 촘촘하게 뜯어보자. 구종 : 자동차 = 신종 : 페라리의 비례를 활용한 광고는 페라리 부분을 과장한 정도다. 속임수의 단골 메뉴이긴 해도 봐줄 만하다. 그에 비해 그리스도 : 교회 = 남편 : 집의 비례는 심각한 오류다. 수학의 관점에서 보면 그리스도 : 교회 = 남편 : 집의 비례가 참일 경우, 안쪽 항들끼리 바꿔서 그리스도 : 남편 = 교회 : 집이라는 비례도 참이다. 즉 사도 바울은 그리스도와 남편을 비교했다. 그리스도와 남편, 과연 비교할 수 있는 대상일까?

페라리 비교가 비교할 수 있는 둘 중에 하나를 과장하는 기술이라면 그리스도 비교는 비교할 수 없는 것을 비교하는 오류다. 예능이나 광고에서 흔히 쓰이는 기술이다. 공공성을 무겁게 생각해야 할 정치인들도 좋아하는 수사법이다. 다만 정치인들의 그런 뻔뻔한 기술을 볼 때마다 나는 올바로 된 수학 교육의 중요성을 다시 실감하며 가슴에 불꽃이 튀곤 한다.

함부로 사용하지 않기

비례법은 단순하면서 강력하고 그래서 널리 쓰인다. 또한 널리 쓰이다 보니 속임수의 수단도 된다. 비례법 때문에 속는 것도 인간사이니 어쩌겠는가? 꼭 음흉한 무지나 불순한 의도가 있어야 비례법을 오용하는 건 아니다. 비례법을 너무 쉽게 쓰다가 엉뚱한 결론을 내리는 실수를 하기도 한다. 태양 주위를 행성들이 도는 것처럼 원자 주위를 전자가 돌기 때문에 태양 : 행성 = 원자 : 전자라고 나타낼 수 있다. 참 쉽다.

그런데 이것이 자칫 오판으로 이어진다. 자, 이 비례식을 그대로 두고 한 가지 사실을 추가해보자. 즉 어떤 전자는 껑충 비약해서 다른 전자의 궤도에 간다는 사실을 추가한다(사실이다). 그러면 이 새로운 사실을 태양 : 행성 = 원자 : 전자라는 비례식과 함께 유추하면 행성 중에도 그렇게 갑자기 튀어서 태양계 바깥으로 사라진 게 있지 않을까 하고 상상하게 된다. 이런 상상은 충분히 가능하고 충분히 가능한 일은 언젠가 일어나기 마련이다. 저 비례식을 너무 순진하게 적용해서 태양계 안에 있다가 튀어나간 별의 흔적을 찾겠다고 나선 사람이 모르긴 몰라도 분명히 있을 것이다. 그는 일생 일대의 발견을 하겠다는 마음을 먹고는 고대 언어를 공부하고 고대 문헌을 뒤져서 고대에는 있었지만 지금은 없는 별을 찾을 것이다. 그의 열정은 보석이지만 그의 비례법은 너무 순진해서 스스로를 속였다.

비례법이 적용되려면 비례가 될 수밖에 없는 조건을 먼저 살펴야 한다. 태양 : 행성 = 원자 : 전자의 비례는 궤도 운동이라는 관점에서 본 비례법이다. 그렇다면 궤도 운동을 하는 원인이 무엇인지 따져야 한다. 중력으로 설명하려면 중력의 크기와 궤도의 안정성을 따져야 한다. 그렇게 조건을 두루 살핀 다음에 비로소 태양 : 행성 = 원

자 : 전자라는 비례가 견고해진다.

삼각형 ABC와 삼각형 ADE처럼 지극히 단순하고 엄격한 도형에서도 각이 같다는 사실을 확인하거나 아래 그림처럼 직접 대보고 변 BC와 변 DE가 평행하다는 사실을 확인해야 비례식을 쓸 수 있다.

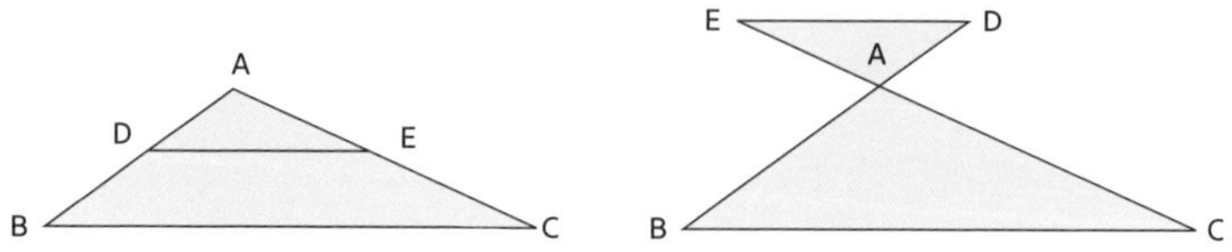

그런 조건이 성립할 때 두 삼각형은 닮았고 그럴 때 비로소 AD : AB = AE : AC든 AD : AB = DE : BC든 비례법이 의미를 갖는다. 언뜻 보면 안 보이지만 조건은 또 있다. 즉 비교 가능한 종류가 아닌 것들에 대해 비례법을 적용해서는 안 된다는 것이다. 여기 비례법들에 참여하는 것들은 모두 변들이고, 그것들은 모두 같은 종류라서 비교 가능했다. 아무 사심이 개입되지 않은 삼각형의 비례법도 이렇게 꼼꼼하고 진지하게 따질 때 의미를 갖는데, 이해와 욕망이 뒤섞인 현실을 비례법으로 표현할 때에는 얼마나 조심해야 하겠는가!

비례법에 속지 않아야 하지만 그렇다고 비례법을 너무 제약하는 것도 스스로 속는 길일 것 같다. 비례법을 놀이 삼아 하는 방법도 있다. 비례법을 쓰는 놀이라서 역시 단순하고 강력하며 또한 재미있고 유익하다. 이 놀이를 여우 : 접시 = 황새 : x 놀이라고 불러보자.

예를 들어 "돼지는 꿀꿀, 개는?"이라고 질문하고 답을 해보는 놀이다. 사람에게는 손, 닭에게는? 그림에는 물감, 음악에는? 육지에 바다, 그럼 육군에는 뭘까? 좋은 것 대 나쁜 것이면 사랑 대 뭘까? 질문을 바꿔도 된다. 돼지는 꿀꿀, 뭐는 멍멍? 이런 식으로 말이다.

엄격하게 비례법을 제한하지 않기로 했으니 답은 분명하지 않다. 답을 생각하는 것 자체를 즐기는 놀이고 답을 어떻게 하느냐로 답하는 사람에 대해 알아가는 놀이다. 물론 모르는 사람이 보면 저 사람 정신 나갔다고 하겠지만 나 혼자 이런 놀이를 해도 된다. 질문의 수준을 조금 높이자. 돼지는 꿀꿀, 남자는? 돼지는 꿀꿀, 너는? 육지에 바다, 호랑이에는 뭘까? 좋은 것 대 나쁜 것, 믿음 대 뭘까?

인공지능의 언어 처리 능력은 최근 몇 년 사이에 비약적으로 성장했다. 유럽어끼리의 번역은 매끄러운 수준에 이르렀다. 여기에는 빅데이터와 300차원의 벡터 연산이라는 수학이 쓰인다고 한다. 아마 인공지능이 어떤 말과 맥락적으로 연관이 높은 말을 연결한다는 뜻일 것이다. 그 인공지능에 물었더니 이렇게 답했다고 한다.

돼지는 꿀꿀, 고양이는? 답은 '야옹'. 역시 인공지능은 똑똑하다. 얼마나 똑똑한지 보자. 질문의 수준을 높인다. 돼지는 꿀꿀, 여자는? 인공지능이 낸 답은 '자기야'다. 돼지는 꿀꿀, 남자는? 인공지능의 답은 '응 응 그래 그래'다. 육지에 바다, 호랑이에는? 인공지능의 답은 '상어'. 좋은 것 대 나쁜 것이면 믿음 대 무엇일까? 인공지능의 답은 '편견'이다. 상당히 철학적인 인공지능이다. 마지막으로 인공지능에게 다음과 같은 질문을 줬다. "좋은 것 : 나쁜 것 = 인생 : x?"

당신은 어떤 답을 생각하시는지?

인공지능은 이렇게 답했다. 따분한 존재! 인공지능이 이 정도다.

자연지능인 우리는 여우 : 접시 = 황새 : x 놀이를 써서 과연 어디까지 비상해볼까?

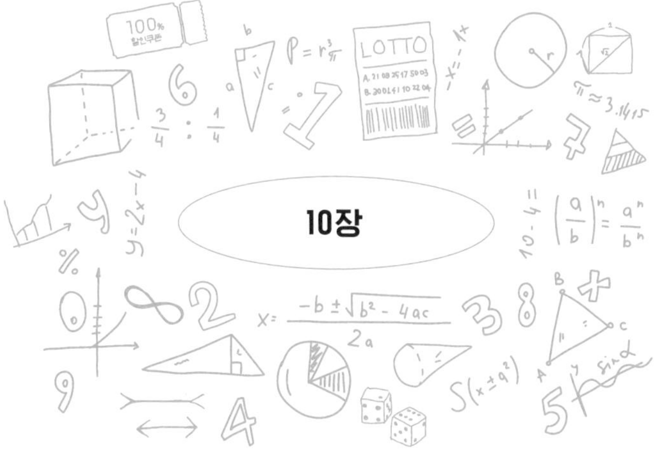

10장

'보통 사람'이 '나쁜 사람'보다 위험하다?

평균의 함정

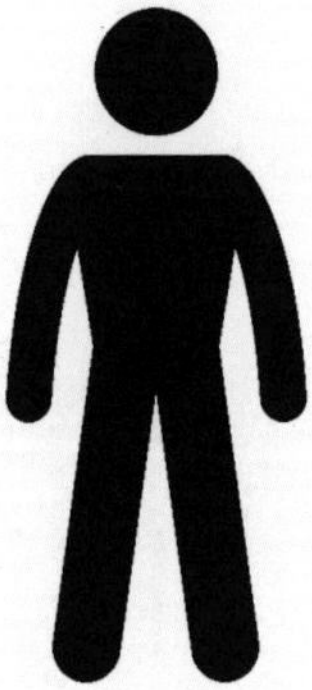

150년 전에 물가라는 말이 등장했다. 그 낱말을 처음 들은 사람들은 얼마나 어이가 없었을까? 물가란 세상의 모든 물건들의 가격을 평균한 가격이다. 그러니까 금, 물, 책은 물론이고 집세, 등록금, 서비스 요금까지, 돈으로 바꿀 수 있는 세상의 모든 것이 다 포함된다. 아니, 금과 물과 책과 등록금을 평균해? 금은 얼마나, 책은 어떤 책을? 그 모든 것들이 마구 뒤섞여 무언가 나온다는 말인가? 물가가 가리키는 물건은 어디에도 없다. 그런데 그것의 가격이라니!

체호프의 희곡 《갈매기》가 깜박 생각난다. 극이 시작되면 등장인물 한 명이 한 달에 고작 23루블을 받는 생활의 고단함을 토로하는 대화가 나온다. 조연들의 대화였고 극의 전체 흐름에 상관이 없어서 나는 그 부분을 주목한 적이 없었다. 그래서 23루블이 나오는 대목이 있는지도 몰랐다. 그런데 어느 날 누군가 나에게 물었다. “이

23루블은 시골 교사 월급이죠. 그때 러시아에서 23루블은 얼마나 되지요?" "뭐, 적은 금액이겠죠." 이렇게 대충 넘어갈 수 있었는데, 그래야 했는데, 갑자기 나도 궁금해졌다. 그래서 허둥지둥 찾기 시작했다.

그러나 19세기 말 러시아에서 23루블이 어느 정도 가치인지 아는 건 쉽지 않았다. 물가 정보가 있었더라면, 예를 들어 현재 러시아 물가를 100으로 했을 때 당시 물가가 1인 것을 알았더라면, 그리고 그 결과를 가지고 현재 러시아 물가와 한국 물가를 비교했더라면 금방이었을 텐데…. 이게 뭐하는 짓이냐며 이를 갈면서도 하루 저녁을 이 문제에 매달렸고 금세 자정을 넘겼다. 결국 나는 온갖 글들을 뒤지면서 금, 여관비, 곡물, 음식, 옷, 서비스 비용(《갈매기》에서는 여주인공이 시골 영지를 떠나며 하인 둘과 요리사 하나 등 모두 세 명에게 팁으로 1루블을 준다) 등 가격을 알 만한 것들을 모두 찾아 평균을 내고 현재와 비교했다. 물가라는 가상의 실체를 내가 만들었던 것이다(뿌듯하지는 않았다).

세상을 크게 보는 물가

그렇다. 물가는 개별 물건의 가격이 아니라 모든 개별 가격들의 집합에 대한 가상의 가격이고 개별 가격을 짐작하는 배경이 된다. 작년에 비해 올해 물가가 10% 올랐다면 지금 갖고 있는 1만 원권 지폐가 작년만 못해졌다는 의미다. 물건이 하나만 있다면 가격이 100이었다가 110이 된 것이니 올해 그 물건을 사려면 1만 원하고도 1,000원이 더 있어야 한다. 현금 1만 원을 투자하지 않고 갖고만 있었으면 가만히 앉아서 약 10%를 까먹은 게 된다.

실제 생활에서는 물건이 여럿이니까 이 10%가 개인마다 다르게 느껴질 수 있다. TV 가격이 내리고 임대료가 올라 물가가 10% 인상됐다면 임대를 주는 사람이 TV를 장만할 때는 이중으로 이득이지만 집을 임대해서 사는 사람에겐 손해다. 이처럼 물가란 평균 가치이기 때문에 개인마다 다른 가치 지표가 된다. 반면 경제 전체를 집합 단위로 보는 기관의 입장에서 물가는 중요한 지표다. 통 크게 집합의 가치가 변동하는 추이를 볼 수 있고 집합 간의 비교를 할 수 있기 때문이다. 여하튼 물가란 개별 가치가 아니라 개별 가치들의 평균이며 가상의 실체다.

주가 지수, 학력, 신용도도 마찬가지다. 그것을 구하는 이유도 비슷하다. 여러 집합 간의 비교와 한 집합의 변동 추이 말이다. 평균이라는 개념을 쓰는 곳이면 어디든 이유는 비슷하다. 평균이 보통 사람에게 멀리 있는 것 같지만 사실은 우리가 자주 참조하는 영화의 별점이나 상품 만족도도 평균이라는 가상의 실체다. 개별 점수들을 모으되, 그것들을 싹 밀어버리고 집합을 대표하는 수를 전면에 내세운다는 생각. 그래서 개별 정보를 모으되, 그 정보를 버리고 새 정보를 만든다는 생각. 그래서 세상을 통 큰 시각으로 본다는 생각이 평균 개념이다.

언제부터 만들어진 생각일까

'모으되 버려서 얻는다'는 멋진 생각이 왜 필요한가 보았으니 그 개념이 언제쯤 탄생했나 짐작할 수도 있겠다. 평균이라는 정보가 필요했던 시대가 탄생 시점일 테니까. 아주 멀리 잡으면 플라톤의 《티마이오스》가 있다. 이 책에서 티마이오스가 소크라테스와 다른 손님들을 앞에 두고 수와 도형으로 우주의 구성 원리를 설명할 때, 평균 비슷한 개념을 말하는 대목이 나오긴 한다("조물주는 불과 흙으로 우주의 몸통을 창조하셨지만 그 둘만으로는 훌륭하게 결합할 수 없습니다. 그 둘을 연결할 중간 매개체가 있어야 합니다"). 하지만 그것은 곧 나올 '기하평균'과 결과는 같지만 지금 우리가 말하는 평균의 용도와는 다르니 그냥 건너뛰도록 하자.

그보다는 개별의 특성을 수로 바꾸고 그것들을 모아서 집단을 대표하는 수를 만들어야 했던 시절을 상상해보자. 그렇다면 별들의 거리를 측정했던 사람들이 최초 아닐까? 옛날에는 별의 거리를 계산하기 위해 큰 각도기를 세워서 보았다. 그런데 별은 멀리 있고 희미하다. 그러니 보는 사람마다 각도를 아주 조금씩 다르게 보고했을 것이다. 여러 정보가 나왔으니 선택해야 한다. 그것들 중 하나를 선택하거나 모두를 존중하되, 수 하나로 통합하거나. 어떤 방법을 썼을까?

나도 아이들과 지구의 크기를 계산하려고 산에 올라가 수평선을 내려다보며 각도를 잰 적이 있다. 그때도 아이마다 측정값이 달랐다. 한 아이가 여러 번 재면 그 값도 매번 달랐다. 여러 수치를 모아놓고 어떻게 하면 좋을까 물었더니 아이들은 뭘 그런 걸 묻냐는 듯, "모아서 나눠봐요. 평균을 내는 거죠"라고 말했다(정확히 말하자면 이 개념은 평균 개념 중 산술평균 개념이다). 옛날에도 그러지 않았을까?

신항로개척 시대가 평균의 탄생 지점이었을 수도 있다. 그 시절에는 하늘을 보고 각도를 재고, 나침반을 보고 북쪽을 정하고, 열심히 계산해서 시간과 위치를 추정했다. 그런데 흔들리는 배에서 그건 만만치 않은 일이었다. 툭하면 배는 엉뚱한 방향으로 가서 표류했고, 망망대해에서 물과 식량이 떨어져서 사람들이 죽어갔다. 해적도 있었다. 투자를 하든 보험을 만들든 항해를 떠난 배들 중 몇 척이나 온전하게 돌아오는지 아는 것도 중요했다.

사고가 날 가능성을 알아야 하고 그러려면 평균을 알아야 했다. 그러니 그때가 평균이라는 개념이 간절히 필요하던 시점이었을 수 있다. 영어 단어 average(평균)가 선박 사고를 뜻하는 avaria나 avarie에서 파생됐다고 하니 그럴듯한 추정이다. 대포를 많이 제작하던 때라고 봐도 된다. 여러 번 쏴보고 평균을 내서 그 대포의 성능을 알 수 있었을 테니까. 신항로개척 시대나 대포를 많이 제작한 시대, 둘 다 비슷한 시기였으니 넉넉하게 잡아 1600년대 중반 아닐까 짐작할 수 있다.

다른 가설도 가능하다. 나폴레옹이 유럽을 전쟁으로 몰아넣었던, 1800년대 초반이 진정한 평균 개념의 탄생 지점일 수 있다. 이 시대에는 수가 비처럼 쏟아졌다. 과학 기술이 발전하고 과학을 수학으로 하던 시절이 되면서 온갖 현상과 사물을 수로 기록했다. 게다가 국가 간의 경쟁이 치열했다. 집단 간의 비교나 한 집단의 변동 추이를 보기 위해 평균이라는 말이 유행했다. 오죽했으면 '평균 인간'이라는 말까지 나왔을까? 1860년대에는 물가라는 개념이 정립되기도 했다. 수학, 특히 평균을 모르고는 국가 경영을 정밀하게 할 수 없는 시대로 접어든 것이다. 진정한 평균 개념의 시작은 그 시절이 아닐까?

정확한 탄생 지점을 확정하기 어렵지만 지금은 평균 개념이 도처에서 튀어나온다. 뜻밖의 사용처도 있다. 얼마 전 서울지하철은 노인이 아니면서 노인 우대권을 쓰는 무임승차자를 평균으로 잡아낼 계획을 세웠다. 데이터를 수집해보니 노인의 패턴은 낮 시간에 주로 지하철을 타고 외출 시간이 평균 5시간 이하였다. 그에 비해 직장인의 패턴은 출퇴근 시간에 주로 지하철을 타고 외출 시간은 평균 9시간 이상이었다. 그 결과로 노인 우대권을 쓰는 얌체 직장인이 평균 어느 정도인지 짐작했다. 이제 그들이 타고 내리는 의심스러운 지하철 역에 감시를 강화하면 되는 것이다. 오호, 평균!

숨은 디테일 찾기

평균이 정확히 무엇인지 따지지도 않고 너무 멀리 온 것 같다. 숨을 가라앉히고 질문한다. 여러 정보를 취합해 집단 정보 하나로 변환하는 것이 평균이라면 구체적으로 어떻게 변환하는 게 옳을까? 악마는 디테일에 숨어 있다고 하니 우리도 디테일로 들어가 보

자. 평균은 한자로 平均이고 편평하게 고른다는 뜻이다. 이것을 그림으로 묘사해봤다. 왼쪽이 개별 정보들이라면 오른쪽 점선은 그것들을 편평하게 고른 정보 하나다. 높은 것은 내려앉고 낮은 것은 올라갔다.

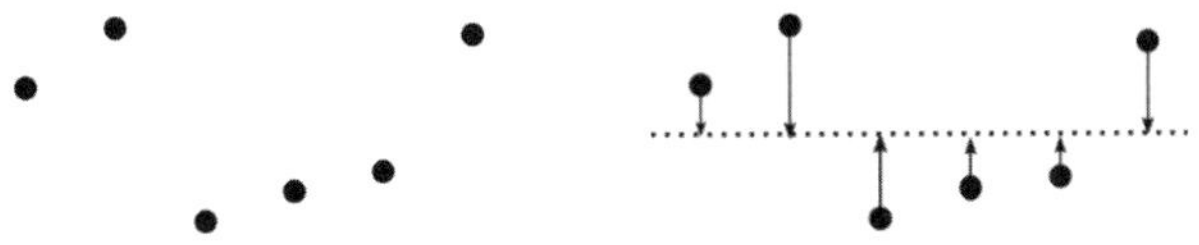

개별 정보들을 버릴 때 어떻게 버리느냐, 그것이 디테일의 문제다. 원칙 없이 취사선택하면 집단의 성격을 왜곡시키게 되고, 그 틈을 비집고 속임수가 들어온다. 평균을 낼 때 가장 흔하게 쓰는 방법이 개별 정보들을 모두 더하고 개수로 나누는 것이다. 개별 정보가 5, 7, 1, 2, 3, 6일 때 모두 더하면 24이고 숫자의 개수는 6개이니 24 나누기 6을 해서 평균은 4다. 가장 쉽고 단순하다. 그래서 이 방법이 가장 흔하게 쓰인다. 그러나 가장 흔하다고 해서 항상 옳은 방법인 것은 아니다. 이 방법을 써야 할 때가 있고 쓰지 말아야 할 때가 있다. 대체로 개별 정보들끼리 서로 연관성이 없을 때는 이런 평균법이 적당하다. 하지만 그런 경우가 아닌데, 마구 이 방법을 쓰면 큰 코 다칠 수 있다.

사례 하나. 과수원 주인이 사과나무를 심어 정성껏 길렀다. 몇 년 후에 사과 150개가 열렸다. 그다음 해에는 180개, 그다음 해에는

252개가 열렸다. 단순하게 보면 일 년에 평균 194개다. 이제 수확량이 매년 얼마나 증가했나 알고 싶다고 해보자. 첫해에서 둘째 해로 갈 때 30개가 늘었으니 150개의 20%가 증가했다. 둘째 해에서 셋째 해로 갈 때 52개가 다시 늘었다. 180×40%=52이니 40%가 늘었다. 그러면 평균 증가율은 얼마일까? 20%와 40%을 더해서 2로 나눈 30%일까?

좋다. 과수원 주인이 이 사과나무는 매년 평균 수확량이 30%씩 늘어난다고 자랑했다고 하자. 생각 없이 들으면 그럴듯하다. 그러나 속지 않고 살기 위해서는 계산을 해야 한다. 첫해 사과 150개를 수확했다. 거기서 30%가 증가하면 둘째 해에는 150+150×30%=195개를 수확하게 된다. 거기서 다시 30% 증가하면 195+195×30%=253.5다. 그런데 실제 사과는 몇 개였는가? 252개였다. 속이려고 했든 몰라서 그랬든 주인은 사과 1.5개를 과장해서 말한 것이다. 1.5라고? 기껏 사과 하나 반인데? 하는 사람이 있다면 그 호방함에 박수를 보낸다. 하지만 이게 사과나무 하나가 아니라 과수원 전체에 대한 거래이고 3년이 아니라 10년간 이루어진 거래라면 이야기가 싹 달라진다. 호방한 그분의 얼굴이 하얗게 질릴까 염려되어 계산까지는 하지 않겠다.

이럴 때 정확한 정보를 주는 평균 산출법은 따로 있다. 첫해에서 둘째 해로 가면서 사과 수확량이 1.2배 증가하고, 둘째 해에서 셋째 해로 가면서 사과 수확량이 1.4배 증가했을 경우 $\sqrt[2]{1.2\times1.4}$로 계산한 값을 평균으로 잡는 방법이다. 이것을 기하평균이라고 부르는

데, 곱셈과 근호를 계산기로 계산해본 결과 근삿값으로 1.296이 나온다. 사과 수확량이 0.296 정도 상승했다는 의미다. 평균 증가율이 30%가 아니라 29.6% 정도라는 말이다. 그 차이가 사과 1.5개의 차이를 낳은 것이다. 이 평균이 정말 더 나은 정보를 주는지 확인해보자. $150+150\times29.6\%=194.4$이고 $194.4+194.4\times29.6\%$은 거의 252개다. $\sqrt[2]{1.2\times1.4}$를 계산하면서 근삿값 1.296을 잡아 '거의'이지, 정확한 값으로 계산하면 '정확하게' 252개다. 즉 단순 평균을 써서 연 평균 수확량 증가율이 30%라고 하면 속고 속이는 것이고, 조금 복잡해도 기하평균을 쓰면 정확한 정보를 얻어 더 옳은 선택을 할 수 있다.

기업을 사고팔 때도 그렇다. 최근 5년간의 성장률이 90%, 60%, -20%, 30%, 20%일 때 우선 평균 성장률을 알고 싶다고 하자. 이때도 단순 평균해서 위 값들을 더하고 5로 나눠 36%라고 하면 잘못된 정보를 받은 것이다. $\sqrt[5]{1.9\times1.6\times0.8\times1.3\times1.2}$로 계산하면 평균 성장률이 30.6% 정도로 나온다. 이 수치가 기업의 가치를 제대로 설명하는 올바른 정보다. 이런 평균 산출 방식은 증가율이나 성장률과 관련된 어떤 경우에도 유용하다. 이처럼 개별 정보를 모아 대표 정보 하나로 바꿀 때는 상황을 잘 보고 생각에 정성을 들여야 한다. 여러분이 직접 평균을 구하는 것이 아니라 상대방에게서 평균에 대해 듣는 입장이라면 최소한 '당신이 말한 평균은 무엇이고 어떻게 얻은 것인가' 라는 질문을 하며 상대방의 눈을 지그시 맞출 줄은 알아야 한다.

평균에 숨은 위험

"아니, 고작 평균 개념에도 속임수가 있었어?" 하시는 분께 충격을 드리는 것 같아 죄송하지만 사례를 하나 더 들겠다. 잘못된 평균 정보가 얼마나 큰 사태를 낳을 수 있는지 보여주는 사례다. 세계 경제를 흔들었던 2008년 금융 위기와 연관된 사례다. 금융 위기 자체가 거대하고 잔혹한 속임수였지만 그중 평균의 오류가 개입한 사례 하나. 《평균의 함정The Flaw of Averages》에서 저자가 요약한 사례를 각색해서 더 요약한다.

사람들이 대출을 받아 집을 마련한다. 물론 그 집을 저당 잡히고 대출받는 것이다. 나는 은행의 분석가다. 내가 속한 은행은 가 지역과 나 지역에 같은 액수의 대출을 줬다. 나 지역에서 집값이 10% 내린다. 대출받은 돈보다 집값이 더 내려가면 저당을 잡힌 사람은 파산하고 집을 은행에 넘길 것이다. 은행은 빌려준 것보다 덜 받은 꼴이 된다. 위기가 스멀스멀 피어난다. 다행히 가 지역에서는 집값이 10% 오른다. 마음을 비우면 나쁠 것도 좋을 것도 없어 보인다. 각각 +10%와 -10%의 등락이 발생했으니 더해서 2로 나누면 0 아닌가. 손해는 아니다. 휴, 다행이다.

그러나 너무 빨리 안심했다. 집값의 변화가 핵심이 아니라는 점이 문제의 핵심이다. 집값의 변화는 독립변수일 뿐이다. 분석자인 내가 눈을 부릅뜨고 봐야 할 것은 종속변수, 즉 집값의 변화에 따른 수익률의 변화다. 집값의 변화 대비 수익률이 다음과 같이 곡선으로

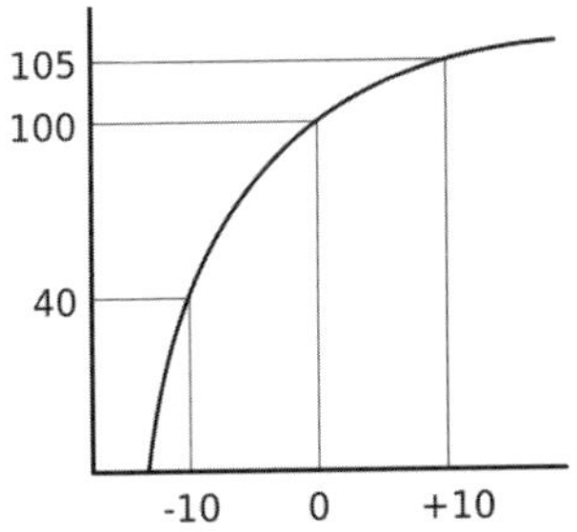

표현된다고 해보자.

자칫 가로축의 +10%나 -10%만 보고 평균으로는 별 차이가 없다고 생각할 수도 있겠지만 열쇠는 세로축이 쥐고 있다. 집값이 떨어질 때 수익률은 무려 60%가 내려가는 반면 10% 오를 때 수익률은 고작 5% 올라갈 뿐이다. 그렇다면 가 지역의 집값이 +10%, 나 지역의 집값이 -10% 변동했을 때 수익률은 단순 평균해서 약 30% 떨어진 것이다! 두 지역의 집값이 변화할 때 종속변수의 평균을 보고 위기를 크게 예측해야 하는데 독립변수의 평균만 보며 넋 놓고 있으면 위기가 눈덩이처럼 커져 감당할 수 없는 지경에 이르게 된다. 분석자인 나는 평균을 우습게 보았다. 순진했고 그래서 사소하게 속았다. 나도 모르게 금융 위기로 저울이 기울도록 돌 하나를 올려놓은 셈이다.

평균을 잘못 산출하고, 봐야 할 평균이 아닌, 엉뚱한 평균을 봐도 위기를 부를 수 있다니 겁난다. 학교에서 배울 때는 더해서 나눈다 정도로 쉽게 생각했는데 평균은 그렇게 위험하다. 그런데 그게 다가 아니다. 위험한 정도를 넘어 나쁠 수도 있다. 앞의 사례들에서는 미안한 말이지만, 잘못된 선택을 한 기업이 망하면 된다. 그러나 평균이란 워낙 근본 개념이라 광범위하게 잘못된 정보를 유포하고 사람들의 마음속으로 침투하기도 한다.

수학은 남자, 언어는 여자. 이것은 하도 오래 묵어 법칙처럼 통용되는 말이다. 언어 과목은 잘하는데 수학을 못하는 여자아이를 보면서 그와 비슷한 학창 시절을 보낸 엄마가 안쓰러워하며 딸을 바라본다. '여자아이라서' 수학을 못하는데 잘 해보겠다고 애쓰는 딸이 짠하다. 옆집에 수학은 잘하는데 언어 과목은 못하는 또래 남자아이라도 하나 있으면 이 믿음은 더욱 단단해진다. 역사상 유명한 수학자 중에 여자 이름은 들은 적이 없다는 것도 일조한다. 더욱이 통계 자료랍시고 나온 이런 그림은 편견을 고착시킨다.

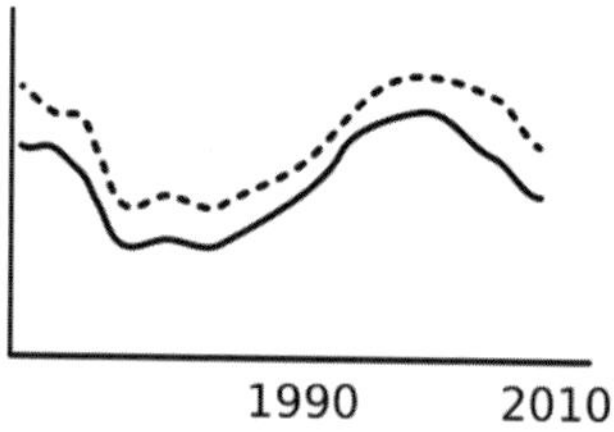

미국 수능 시험에서 지난 40년간 남녀의 수학 성적을 비교한 그림이다. 위의 점선이 남자고 아래 실선이 여자다. 보다시피 항상 남녀 간의 격차가 있다. 역시 여자아이들이 수학에 약해! 우리 딸이 짠해! 여성에게 수학 가산점을, 남성에게 언어 가산점을 주자고 건의

할까?

오해다. 그리고 오해가 오해를 낳는다. 222쪽 그래프의 속내를 보면 실상은 다르다. 다른 그림을 보자. 점선이 남자아이들의 성적 '분포'이고 실선이 여자아이들의 수학 성적 분포다. 가로축은 점수다. 간편하게 세로축은 생략했는데 사람 수라고 보면 된다.

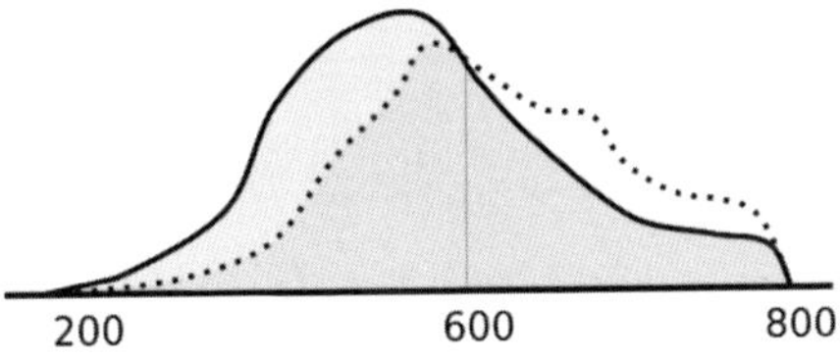

이 자료를 보니 200점에서 600점 사이에 여자아이들이 남자아이들보다 많다. 즉 600점까지만 평균을 내면 여자아이들이 수학 점수가 높다. 남자아이들은 고득점자 쪽에 많다. 거기서 전체 평균을 끌어올리면서 전체 남자 평균이 더 높아진 것일 뿐이다. 단순하게 '여자가 남자보다 수학을 못한다'라는 말은 근거가 없다.

위의 표를 수학 성적이 아니라 두 국가 간의 경제 수준으로 해석해도 된다. 어떤 국가는 부의 평균이 80인데 다른 국가는 평균이 90이다. 그렇다고 해서 이것으로 단순하게 한 국가가 다른 국가보다 잘 산다고 속단하면 안 된다. 평균이 80인 국가는 복지 제도와 중산층이 튼튼해서 위 그림의 실선 형태일 수 있고 평균이 90인 국가는 부유층의 부가 압도적이어서 위 그림의 점선 형태일 수 있는 것이다. 집단에서 개별들이 퍼져 있는 정도, 평균의 모양을 보는 습관을 들여야 잘못된 믿음을 예방할 수 있다.

맥락을 벗어나지만, '남자는 수학, 여자는 언어'에 대해 말을 마저 하고 싶다. 최근에는 수학에서 여자아이들이 남자아이들보다 전체 평균도 높다. 전 세계적인 추세다. 내가 했던 수업에서 아이들의 남녀 수준차는 없었다. 내가 만나는 수학 교사의 대부분은 여성이고, 그들은 수학을 좋아하고 잘한다. 수학계에서 특출난 여성 수학자는 이제 흔하다. 최고의 수학상에도 여성 수상자들이 나오기 시작했다. 상징적인 2개만 말하면, 필즈상 수상자가 2014년에, 아벨상 수상자가 2019년에 나왔다. 남성은 수학, 여성은 언어라는 말에 혹자는 뇌가 다르다는 말까지 덧붙이던데, 21세기가 시작된 지도 벌써 20년이나 지났다. 그런 유사 인종주의적인 말은 이제 제발 그만 듣고 싶다. 욱하는 마음에 여기까지 말하고 말았다. 독자들에게 양해를 구한다.

다시 우리의 평균으로 돌아오자. 평균이라면서 수치를 대면 왠지 있어 보인다. 평균이 속임수의 지렛대로서 나쁜 믿음을 유포하기도 하는 근거가 거기에 있다. 그것은 어쩌면 개별성을 무시하고 집단성을 전면에 내세우는 개념인 평균의 숙명이다. 미세먼지를 모아 평균을 낸다면 그런 정보는 충분히 그럴듯하다. 사람에게 먼지들의 개별성은 관심 밖이기 때문이다. 개별성은 버리고 필요한 정보만 뽑아내면 그만이다. 그러나 사람들의 개별성은 의미가 크다. 그러니 인간사회를 탐구하는 영역에 평균을 쓸 때는 항상 조심해야 한다. 실제로 그 일이 최초로 일어났을 때 격한 반론이 있었다.

통계와 표준이 만든 사람

사람에게 평균을 들이댄 혁명은 19세기 초반에 일어났다. 앞에서 말했듯이 이 시기는 측량과 측정과 수치들이 장마비처럼 쏟아지던 시기다. 제1차 빅데이터의 시대랄까. 아무튼 데이터가 엄청나게 쌓였다. 그런데 모아놓은 데이터 앞에서 사람들은 어리둥절했다. 저게 무슨 의미가 있지? 저걸 어디다 쓰지? 천문과 지리 분야의 자료들처럼 개별성이 그다지 중요하지 않은 자료는 그때까지 그랬던 것처럼 평균을 쓰면 되지만, 출생아 수, 범죄자 수, 신체 치수 같은 인간과 연관된 측정 자료는 어떻게 써야 할지 막막했다. 돌파구가 필요했다. 바로 그때 '평균 인간'이라는 개념이 나온다. 이 개념을 창안한 아돌프 케틀레Adolphe Quetelet는 수학과 천문학을 하던 사람이라서 평균 개념에 익숙했다. 그는 평균을 인간 사회에 적용하기로 한다. 전례 없던 일이었다. 평균도 흔한 개념이고 인간도 흔한 개념이었지만 '평균 인간'이라니.

케틀레는 자신의 생각을 《인간과 그 재능 발달에 대한 연구, 또는 사회물리학에 대한 시론》에 담아 발표했다. 이 책은 책장을 넘길 때마다 숫자와 표가 나온다. 내용을 읽지 않고 슬쩍 보면 천문학 책이지만, 제목을 보면 인간과 인간의 재능 발달이 주제다. 게다가 '사회물리학'이라니, 이 무슨 듣도 보도 못한 학문이란 말인가? 인간 사회를 물질 세계의 차원으로 끌어내리겠다는 의도인가? 의구심이 들지만 이 책은 '문명사적 사건'이라고 환호를 받았고, 평균 인간 개념은 서구 사회에 급속하게 퍼져나간다.

처음에는 영국 군인의 키의 평균을 내고 프랑스 군인의 키의 평균을 내어 비교하는 정도였다. 그러다가 몸무게, 팔 길이, 가슴 둘레, 나이 등등 온갖 요소에 대해 평균들을 구하고 다시 그것들을 결합하면서 평균 군인이라는 관념이 만들어지게 된다. 그 관념에 기초해서 군대의 표준을 정했다. 표준 군복을 미리 제작하고 입대하는 사람은 그 옷을 입기만 하면 된다. 사람에 군복을 맞추는 게 아니라 군복에 사람을 맞추는 시대가 된 것이다. 총을 만들 때도, 비행기 조종석을 만들 때도 평균 인간 개념이 기준이 되었다. 더 나아가 행동 방식도 표준을 마련했다. 그 덕분에 거대한 군대 체계가 하나의 기계처럼 효율적으로 돌아가게 되었다. 실제로 미국 남북전쟁 당시 링컨 대통령은 북군에 유사 이래 없던 대규모 조사를 실시하여 군대 표준을 마련했고 북군은 전쟁에서 승리했다. 이 표준은 이후 미국 군대 체계의 초석이 되며 이후 세계의 기준으로 퍼져간다. 평균 인간은 거대한 통제 체제에 필수 개념이었다.

하늘과 땅을 측정하고 평균을 구하듯 사람의 신체를 측정하고 평균을 구했던 것은 곧 정신에 대한 측정으로 확장되었다. 알코올 중독의 평균, 정신질환 평균, 자살률 평균, 유죄 판결의 평균까지, 시기별, 지역별로 잘게 쪼개서 구한 다음, 서로 비교하고 변동 추이를 보면서 정부는 정책을 결정했다. 평균의 쇄도였다. 게다가 평균 군인 개념은 평균 남자 개념, 다시 평균 인간 개념을 낳았다. 그리고 이것들이 결합되어 평균 인간이 평균적으로 '생각하고', 평균적인 성적

욕망과 평균적인 자살 충동을 '느끼는' 단계로까지 나아갔다. 마치 평균 인간이 살아 있는 사람이라도 된 듯 말이다. 거기서 끝났으면 좋았으련만. 세상일이 안 그렇듯, 평균에서 멀리 있는 인간은 인간답지 못한 존재로 취급되었다. 평균 군복을 맞추어놓았는데 너무 작거나 너무 커서 입을 수 없는 사람을 보면 얼마나 답답했겠는가!

평균 인간은 과연 실재하는가? 평균 인간이라는 유령에 맞서 비판이 이어졌다. 그도 그럴 것이, 평균 인간이 어디에 있다는 말인가? 존재하지 않는 관념을 만들어 그것으로 실재하는 인간을 통제하다니, 말이 안 된다. 경제학에 수학을 도입하고 확률 개념을 정립하는 데 기여한 프랑스 학자 앙투안 쿠르노Antoine Cournot조차 평균 인간의 개념에는 동의할 수 없었다. 평균 팔 길이, 평균 키, 평균 가슴둘레 등으로 구성된 평균 인간이 과연 존재하는가? 쿠르노는 질문했다. 직각삼각형들을 모아 변들을 평균 내면 직각삼각형인가?

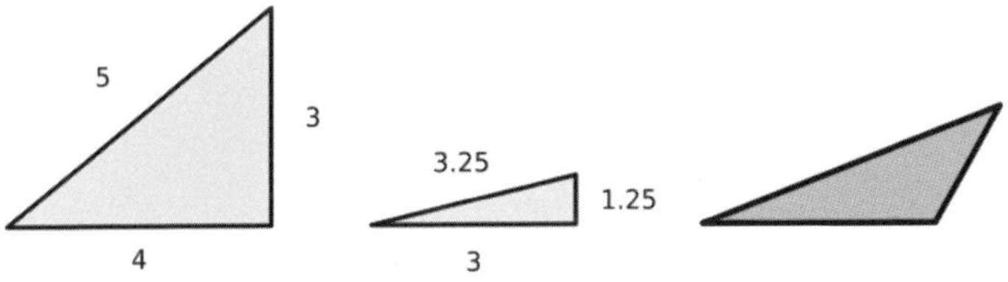

보다시피 두 직각삼각형의 변들을 평균 내서 만든 삼각형은 직각삼각형이 아니다! 의학자도 비판에 합류했다. 오줌은 상황마다 성분이 다른데 그 평균을 내다니, 게다가 한 사람도 아니고 수많은 사람의 오줌을 모은 평균 오줌이라니, 그것으로 구체적인 한 인간의 오줌을 알았다고 할 수 있나?

비판자들이 보기에 케틀레의 평균 인간은 프랑켄슈타인 박사가 만든 괴물과 다를 바가 없었다. 그런데도 평균 인간은 관료화된 사회에서 아주 유용한 개념이었으므로 그 개념이 퍼져나가는 것을 막기란 불가능했다. 거의 모든 사람이 평균 인간과 다를 텐데, 그 개별성들을 어떻게 봐야 하느냐, 그것이 문제였다.

첫 번째 대답은 평균 인간이 표준이며 나아가 이상이라는 관점이다. 그렇다면 모든 인간은 정도의 차이는 있지만 짝퉁이 된다. 케틀레는 검투사 조각상을 예로 들었다. 고대 로마에서 만들어진 검투사 상을 좋아한 왕이 조각가들을 불러 똑같이 만들라고 명했다. 수천 개의 조각이 만들어졌지만 완벽하게 같은 것은 하나도 없었다. 그런 것처럼 사람 한 명 한 명은 평균 인간이라는 이상의 불완전한 흉내일 뿐이다.

평균 인간이라는 관념은 자본주의가 꽃을 피우던 미국으로 건너가 노동을 완벽하게 통제하려던 테일러 시스템을 만들어내고, 공산주의가 꽃을 피우던 소비에트연방으로 건너가 이상적인 노동자상을 만들어낸다. 교육도 효율적으로 표준화된 군대식을 따른다. 지능을 평균 내서 IQ라고 부르고 시험을 봐서 줄을 세웠다. 평균에 맞춘 교육, 평균에 맞춘 훈련. 그것이 우리들 대다수가 평균적으로 받은 교육이었다.

두 번째 대답도 있다. 평균 인간은 중간이므로 평균 이상은 월등, 평균 이하는 열등이라는 관점이다. 평균을 내고 우월한 인간을 뽑아 다시 평균을 낸다. 우월한 인간의 모범이 나온다. 열등한 인간의 평균도 나온다. 정신질환자의 전형을 만들어낸다. 사진 기술을 사용하여 '평균 범죄자'를 만들기도 했다. 결국 이런 관점은 열등한 인간을 제거하는 것이 사회가 발전하는 길이라는 생각으로 가게 된다. 한 발만 더 내딛으면 나치가 홀로코스트를 자행한 그 생각으로 가는 것이다.

실재하는 개별 인간을 더 잘 이해하기 위한 도구로 평균을 도입했다가 주객이 전도되어버린 것이다. 평균은 개별들을 모아 정보를 버리고 집단 정보를 취했다. 그 정보는 집단의 변동과 집단 간의 비교를 알려주니 유용하다. 평균의 도움을 받아 일의 효율성을 높일 수도 있다. 그러나 평균값 하나에는 엄청난 개별성이 퍼져 있다. 개별성이 퍼져 있는 모양을 못 보고 평균만 보다가는 편견에 사로잡힌다. 함정에 빠진다.

평균 인간의 등장 이후 지난 150년 동안 그리고 우리가 살아가는 오늘도 평균 인간이라는 유령이 떠돌고 있다. 우리의 교육 정책, 사회 정책, 경제 정책에 평균 인간이 모델이 된 것은 아닌가? 교실, 직장, 길에서 평균 인간이 우선이고 개별 인간은 들러리 아닌지? 매스컴에서 평균 연봉, 평균 소비, 평균 싸움 횟수, 평균 연애, 평균 성적, 평균 사교육비, 평균 키스 횟수를 전파할 때 우리도 모르게 그것을 표준이나 이상으로 삼는 것은 아닌지? 그래서 엄연히 실재하는 나 자신보다 내 안에 웅크린 평균 인간을 먼저 생각하는 것은 아닌지?

평균은 상황에 맞게 잘 찾아내야 한다. 그리고 그렇게 잘 찾은 평균이라도 분포를 잊지 않아야 한다. 또한 분포를 유념하더라도 개별 없이 평균은 없다는 사실까지 염두에 두어야 한다. 인간의 발달에서 가상의 실체인 평균 인간보다 현존하는 개별 인간이 우선이다. 평균은 좋다. 그러나 평균에 속지는 않아야겠다.

11장

러시아는 생각보다 작다

지도 전쟁

모스크바에 가게 되었다. 손꼽아보니 12년 만이다. 그나마 일로 잠깐 들른 것이 12년 만이고, 그곳 생활을 정리한 지 16년 만이다. 세월이 흘렀지만 함께 간 벗들에게 내가 기여할 바가 없지는 않겠지 생각했다. 가령 택시를 탈 때가 그렇다. 예전에는 제대로 된 택시가 없었다. 길에서 그냥 손을 들면 아무 차나 선다. 문을 열고 목적지를 말한다. 운전자가 동의하면 가격을 흥정했다. 운이 좋으면 고급차를 싸게 탔고, 운이 나쁘면 너덜대는 차를 탔다. 운전자가 길을 모르면 길을 알려줘야 했다. 러시아 말을 모르면 아예 택시를 탈 수 없었고, 타도 밤에는 불안했다.

이제는 딴판이다. 모바일 앱에 위치를 지정하면 고급차부터 일반차까지 주르륵 뜬다. 가격도 나온다. 승객은 고르기만 하면 된다. 도시 내이든 도시 간이든 어디나 안전하고 편하게 다닌다. 러시아어를 할 필요도 없다. 운전하는 사람은 GPS가 말하는 대로 가니 길을 찾아야 하는 부담이 없고, 기록이 남으니 타는 사람은 안전하다. 우리가 대중교통을 탈 때도 걸을 때도 그렇다. 클릭 몇 번 하고 모바일 기기의 지시를 따라가면 된다. 안 듣는 게 손해일 정도다.

한번은 나를 따라 모두 걸었다. 저녁 공연을 보러 가는 길이었다. 그러나 변해버린 모스크바에서 그만 나는 길이 헷갈렸고, 그래서 헤맸다. 공연까지 시간이 얼마 안 남아 초조했다. 그때 일행이 모바일 기기를 꺼내 몇 번 클릭한 후, 나에게 갈 길을 알려주었다. 희미한 옛 기억만 따라다니는 내가 가장 길치였다. '내 경험과 지식은 어디로 증발한 거야? 어떻게 이런 시대가 온 거지?' 일행을 따라가면서 혼자 속으로 투덜댔다.

인류 역사상 가장 위대한 지도

이런 시대가 어떻게 오기는? 지도 때문이지. 모바일 기기에 여러 기술이 축적되었지만 지도 없이는 아무것도 안 돼. 속으로 투덜대다가 몇 년 전 혼자서 지도를 공부할 때가 생각났다. 이 시대가 이렇게 변한 까닭은 그래, 메르카토르 지도가 기원인가 봐. 생각이 거기에 이르니 뭔가 찌르르 흘렀다. 인류 역사상 가장 위대한 지도라고 평가받는 메르카토르 지도. 모스크바 한복판에서 길을 잃고서야 메르카토르Gerardus Mercator가 지도의 역사에서 일으킨 혁신의 의미를 새삼 깨닫다니, 헤매는 것도 나쁘지는 않다며 다시 씩씩하게 걸었다.

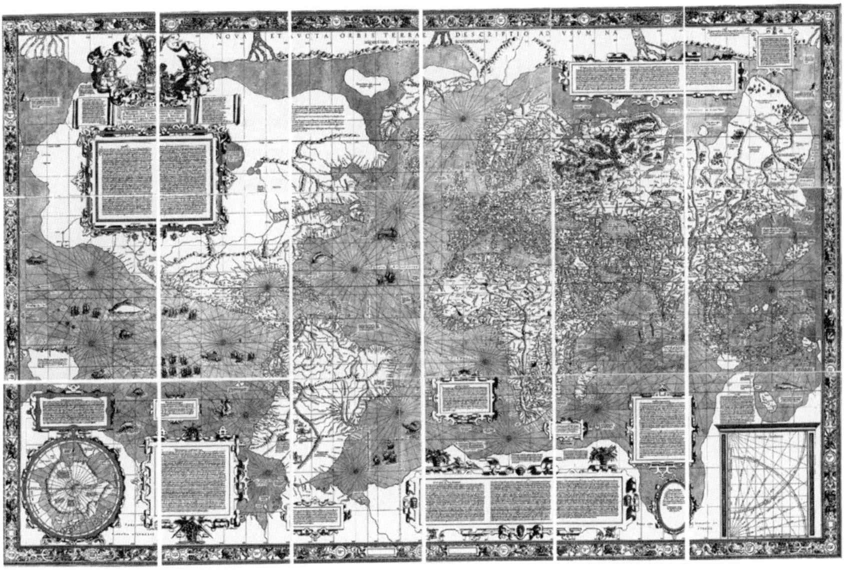

귀국 후 그 지도를 모니터 화면에 가득 펼쳤다. 이 지도다.

메르카토르가 60세를 몇 년 앞둔 1569년에 제작한 지도다. 그는 판화가이자 서예가이기도 했다. 지도가 얼마나 세밀한지 혀를 내두를 지경이지만 다 생략하고 몇 가지만 주목해보자. 일단 지형 말고도 깨알 같은 글이 담긴 글상자가 곳곳에 있다. 바다에는 직선도 많다. 우측 하단에는 각도기 비슷한 그림도 있다. 상세히 보면 별별 그림이 다 있다. 이무기 같은 것, 젖을 빠는 동물들, 나팔을 부는 사람도 있고… 잘 보면 식인종도 있다.

이 지도는 직사각형들을 여러 장 이어 붙인 것이다. 직사각형의 긴 변이 40cm이고 모두 18개의 직사각형이 있다. 그래서 모두 펼쳐서 보려면 가로 2m, 세로 1.2m는 필요하다. 그러나 이 정도 크기야, 뭐. 김정호의 〈대동여지도大東輿地圖〉는 모두 이어 붙이면 긴 쪽의 길이가 6미터가 넘으니 그에 비하면 귀여운 수준이다. 대서양이 중심이고 북아메리카는 과도하게 크다. 조선은 지도에 없다. 하지만 이런 구성도 당시 관행에서 벗어나지 않는다.

실제와 비교하면 이 지도는 위와 아랫부분이 지나치게 과장되었다. 그러나 왜곡 자체는 특별할 것 없다. 지구가 공의 형태라면 왜곡 없이 직사각형 평면에 옮길 수 없으니 말이다. 지구가 오렌지라면 어떻게 자르건 껍질은 평면이 될 수 없고, 따라서 직사각형 형태로 표현하려면 어딘가 찌그러지게 되어 있다. 속이려고 하지 않아도 속일 수밖에 없는 것이다. 공을 평면으로 옮기는 일의 숙명이다. 문제는 어떻게 체계적으로 왜곡시키느냐다. 그 체계는 지도를 만드는 목적이 결정한다. 그 목적을 명확히 밝힌다면 그 지도가 우리를 속인다고 말할 수 없다. 메르카토르는 지도 제작 의도를 명확히 밝혔다.

이 멋진 지도의 최상단 중앙부를 잘 보면 라틴어 글씨들이 있다. 번역하면 다음과 같다.

항해용으로 적절히 조정된 지구의 새롭고 더 완전한 표현

즉 항해하는 사람들에게 도움을 주기 위해 지구라는 공을 체계적으로 왜곡시키며 지도라는 직사각형 평면에 그렸다는 뜻이다.

신항로개척 시대가 지도에서 원했던 것

미적분학은커녕 근의 공식을 나타내는 수식도 없던 시절에 메르카토르는 어떻게 항해용 지도를 만들었을까? 아니, 그전에 항해용 지도란 무엇일까? 이런 질문을 잘 생각해보면, 모스크바에 대한 나의 경험과 지식이 증발해버린 이 억울한 세상이 어떻게 온 것인지에 대한 실마리를 잡을지도 모른다. 메르카토르는 지도 제작에 대해 아주 간단하게만 언급했다. 우리도 여기서 수학과 과학을 동원해서 상세하게 따지지 않는다. 먼저 상상으로 시작하는 게 좋겠다. 메르카토르에 빙의해보는 것이다.

좋다. 시작하자. 지도를 만들고 싶다. 이전에 나온 지도들부터 뒤져야 한다. 샅샅이 뒤지며 비교한다. 새로 나온 자료들도 검토하고 종합한다. 젊어서 지도를 여러 번 그려봤으니 책상머리에 앉아 지도를 완성할까? 그건 아니지. 항해를 다녀온 뱃사람들을 만나봐야지. 수소문해서 이 사람 저 사람 만난다. 실제로 가보니 이 지도가 맞습디까? 그렇게 묻고 답하는 가운데 초벌 지도가 수정된다. 뱃사람들은 말한다. 땅 모양은 얼추 그럴듯하네요. 다른 지도보다 낫습니다. 그런데 그걸 어디다 쓰나요? 항해하는 사람에게 그런 지도는 별로 도움이 안 돼요.

이 시기에 유럽 각국은 망망대해로 배를 띄웠다. 콜럼버스가 신항로개척에 나선 것이 1492년이고 아메리고 베스푸치가 그로부터 10년 뒤다. 마젤란의 일주가 다시 20년 뒤고 하멜이 조선 사람들을 놀라게 한 것이 1600년대 중반이었다. 이 시기 내내 유럽 지역의 왕과 상인들은 앞다퉈 바닷길을 열었고 지구 반대편까지 항해하며 금과 은과 향신료를 찾고 식민지를 점령해갔다. 육지에서 돈과 식량을 대주는 사람들이야 기다리는 수고만 하면 되지만 뱃사람은 목숨을 걸어야 했다. 특히 바다 한가운데에서 어느 방향으로 얼마나 갈지 결정하는 일에 사활이 걸려 있었다. 자칫 잘못해서 헤매면 물과 식량이 떨어지고 그러면 죽음뿐이다.

맑은 날은 그래도 괜찮다. 해와 별을 보며 각도를 재고 열심히 계산을 하면 번거롭지만 방향을 알 수 있다. 그러나 흐리거나 비가 오는 날은 꼼짝할 수 없게 된다. 이럴 때 지도를 보고 지도가 알려주는 대로 각도를 정해 배의 방향타를 유지하고 계속 가면 목적지가 실제로 나타난다? 그보다 좋은 일은 없다. 그런 좋은 지도만 있다면 목숨을 유지할 가능성은 두세 배 올라간다. 그러나 메르카토르 이전의 지도는 이런 요구에 부응하지 못했다.

문제는 지구가 둥글다는 것. 어떻게 직사각형 평면에 나타난 지구 지도를 보고 그것을 알 수 있을까? 실제로 메르카토르가 어떻게 했는지 정확히 알 수는 없지만, 다시 그에게 빙의해서 상상하자면, 가령 이렇게 가능하다. 지구가 둥그니까 그것과 모양이 비슷한 지구의를 먼저 만든다. 당시에도 지구의는 이미 있었다. 메르카토르는 자신에게 수학과 지리학을 가르쳐줬던 선배가 지구의를 만들 때 판각을 도운 이래 자신도 직접 몇 번 더 지구의를 만들었다. 그 지구의를 북극에서 남극까지 경도를 따라 잘게 잘라낸다. 오렌지를 먹을 때

껍질을 과도로 자르듯이 말이다. 단순하게 그려보면 아래 오른쪽 그림처럼 된다.

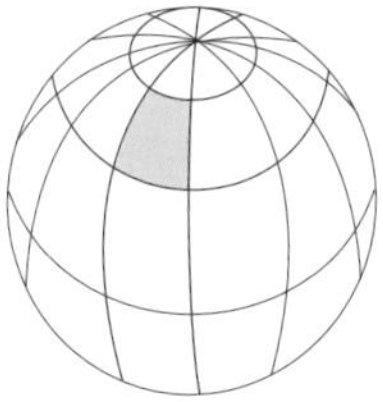

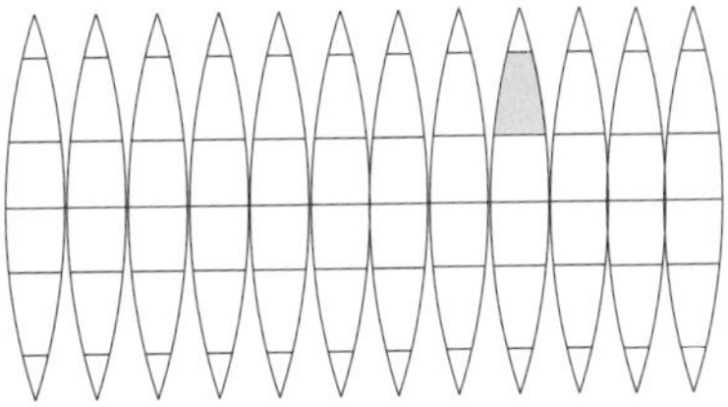

물론 이 그림은 약간 왜곡되었다. 오렌지 껍질이었다면 휘었을 텐데, 여기서는 편평하게 펼쳐놓았으니 말이다. 지구의가 충분히 크고 더 잘게 잘리고 껍질이 종이처럼 얇다면 편평하게 펼 때 왜곡이 덜 일어날 것이다. 이제 위에서 내려다본 조각배 모양의 조각을 직사각형 형태로 옆으로 늘린다고 상상하자. 그러면 길쭉한 직사각형 띠들이 나란히 붙어 있는 아래 그림의 실선 형태로 바뀐다.

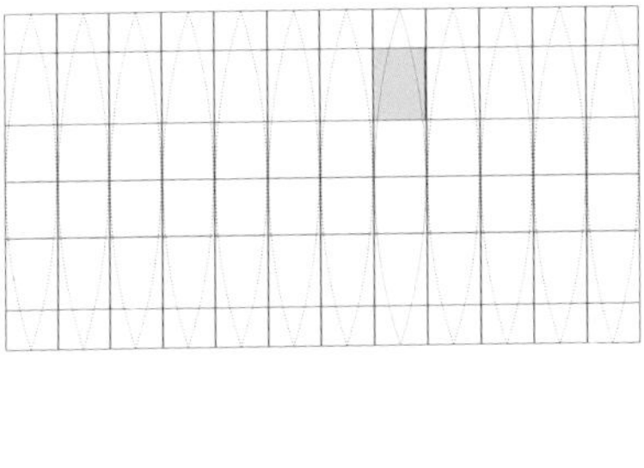

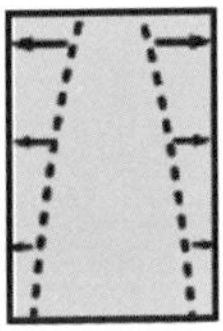

1

적도 지방에 해당하는 중간 부분은 원래 직사각형에 가까웠으니 왜곡이 적지만 북쪽과 남쪽의 위아래 끝 근방은 원래 위도의 길이보다 많이 늘어난다. 예를 들어 적도 지방에 해당하는 부분의 가로 길이가 1이었다고 치자. 그럴 때 극지방 근처의 가로 길이가 0.1인 경우, 가로 길이가 1인 직사각형이 되기 위해서는 원래 0.1인 길이를 10배 늘여야 한다. 더 극지방 근처에서 0.01이면 100배, 더더욱 극지방 근처에서 0.0001이면 1만 배 늘여야 한다. 극단적으로 극점의 경우는 가로 길이가 0이니 길이가 1이 되려면 무한 배 커져야 한다. 그렇게 해서 일단 앞의 그림처럼 직사각형들로 변형된다. 그런데 가로 부분만 늘였으니 가로 대비 세로의 척도가 바뀌고 모양이 일그러져 버린다.

그래서 한번 더 변형한다. 즉 위도를 옆으로 늘인 만큼 비례해서 경도도 길쭉하게 늘이는 것이다. 세로 길이도 10배, 100배, 1만 배, 무한 배로 커진다. 그림의 한 부분인 오른쪽 직사각형이 길쭉하게 위로 뻗어 올라간다고 보면 된다. 결국 지도의 가운데 부분은 넓이 왜곡이 덜 일어나지만 위아래 끝으로 갈수록 넓이 왜곡이 심해진다.

왜곡을 최소화하기

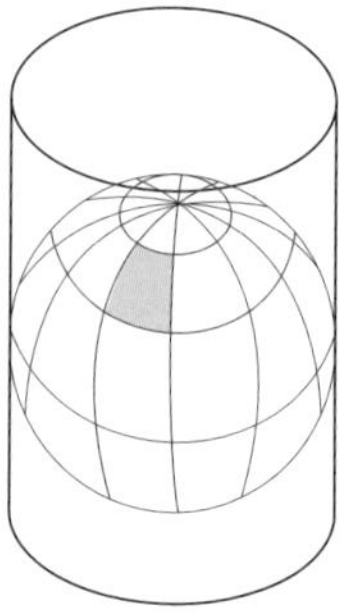

같은 결과를 다른 방법으로 끌어낼 수도 있다. 공을 원기둥 모양의 종이로 감았다고 해 보자. 이어서 공의 중심에서 레이저가 나와 공에 있는 점 하나를 통과해 그 점을 원기둥 모양

의 종이 위의 한 점에 대응시킨다고 상상한다. 그러면 원기둥이 닿고 있는 적도 둘레 부분은 종이에 그대로 찍히지만 적도 부분에서 멀어질수록, 즉 극지방으로 갈수록, 원기둥은 점점 길어져야 한다.

극단적인 경우인 북극점과 남극점은 대응하는 점이 없다. 즉 원칙대로라면 종이는 무한히 길어야 한다. 적당히 타협하기 위해 북극점과 남극점은 빼고 그 점들 주위의 작은 원까지 지도를 만든다면 그 작은 원은 길쭉한 원기둥의 윗면과 아랫면의 둘레에 둥글게 그려진다. 그래서 원기둥을 펴서 직사각형으로 보면, 극지방의 작은 섬은 적도 지방을 한 바퀴 도는 거대한 땅과 같은 크기로 나타난다.

메르카토르가 정말로 지구의를 잘게 잘라내고 가로와 세로로 늘이면서 평면 지도를 만들었을까? 아니면 지구의에 원기둥을 두르고 대응시켜서 지도를 만들었을까? 이도 저도 가능하고 둘 다 생각했을 수도 있다. 어느 생각이든 정확하게 지도로 구현하려면 정교한 수학이 필요하다. 그런데 메르카토르의 시대에는 그런 수학이 아직 없었다. 무리수 개념도 없었고 함수라는 개념도 없었다. 수학책에 수식이라고는 없던 시대였다. 삼각함수나 로그함수, 미적분이야 말해서 뭐 하겠는가. 그러니 메르카토르는 이 단순하고 위대한 생각을 종이에 구현하기 위해 타협할 수밖에 없었다.

그는 적당한 근삿값을 쓰고 간단한 비례식을 풀면서 지도를 만들었을 것이다. 이 정도는 해냈을 것이다. 그는 수학의 성서라고 여겨지는 유클리드의 《원론》 중 비례 부분까지는 달달 외울 정도로 공부했다고 하니까. 말이 쉽지, 메르카토르는 시대의 한계를 투지와 끈기와 상상으로 뛰어넘은 것이다. 메르카토르 지도가 나온 뒤 수학은 내내 발전했고 항해도 늘어나면서 메르카토르의 도법은 더 정밀하게 구현되었다. 오늘날의 정밀한 측량과 고급 수학으로 메르카토르의 생각을 정확히 반영하고 위도와 경도를 10도 단위로 한 방안지에 나타내면 아래 그림처럼 나온다.

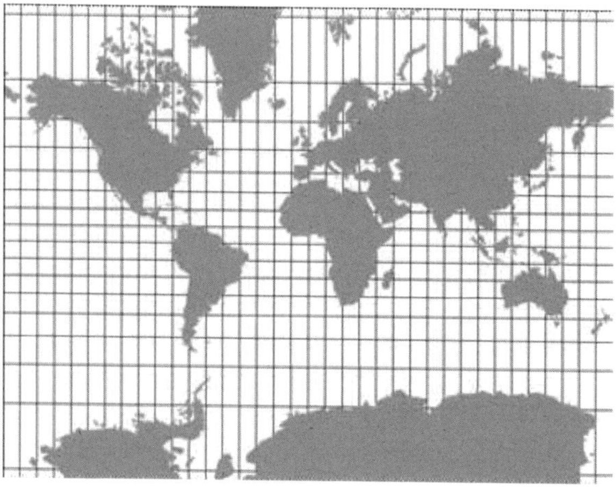

사실 세로로 길이는 무한이지만 이 그림은 적당히 잘라냈다 (360도를 10도 단위로 쪼갰으니 경도로나 위도로 36칸씩이어야 하지만 보다시피 경도로는 36칸이 모두 있되, 위도로는 17칸이 채 안 된다). 극지방 근처를 10도씩만 위아래로 더 그려넣으면 이 책의 한 페이지를 가득 채울 것이고, 그러면 그쪽에 있는 작은 섬은 엄청나게 크게 나타날 것이다. 결국 이 지도에서 북쪽 국가들의 넓이는 실제보다 과장되게 나타났다. 물론 남쪽도 남극으로 갈수록 실제보다 넓어지지만 그쪽은 영향을 받을 국가가 적다. 그에 비해 북아메리카나 유럽은 과도하게 크게 그려졌다. 그게 어느 정도인지 그림으로 보면 확연하다. 아래 왼쪽 그림은 크기가 왜곡된 메르카토르 지도이고 오른쪽 그림은 넓이를 반영해서 조정한 그림이다. 캐나다와 러시아는 원래 다른 나라들보다 크긴 하지만 왼쪽 메르카토르 지도에서는 지나치게 과장되게 그려졌다.

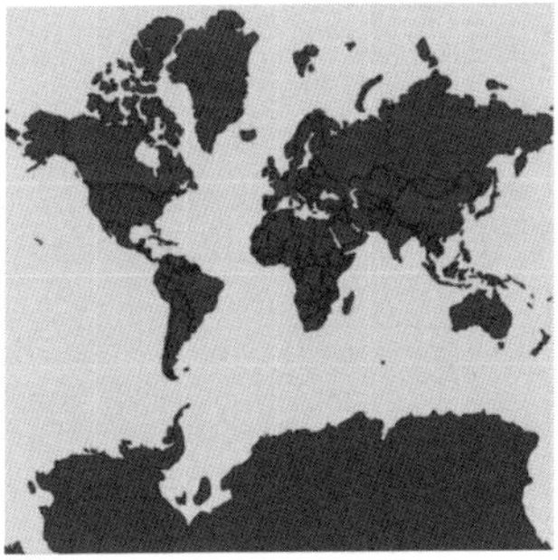

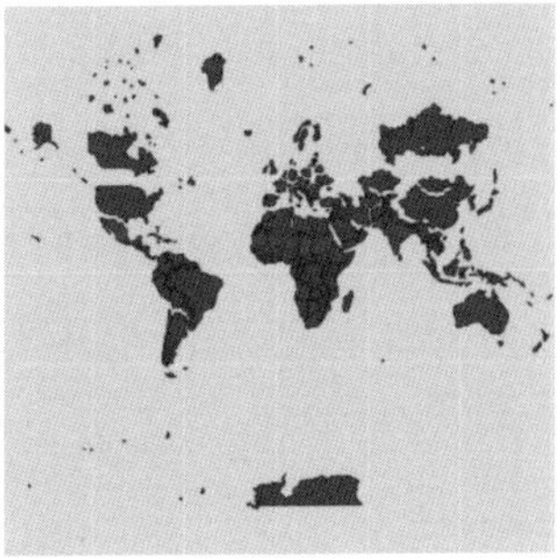

지도에 담긴 생각

물론 이런 과장을 반기는 사람들이 있다. 러시아는 한때 소비에트연방, 일명 소련으로 공산주의 국가였다. 소련은 메르카토르 지도를 보여주며 자국민에게 대국의 위용을 자랑했고, 반공주의가 투철했던 미국의 국가 기관은 메르카토르 지도를 전시하며 "이렇게 큰 공산주의 국가가 우리를 위협하고 있다. 미국인들이여, 경계하라. 힘을 하나로 모으자"고 홍보했다.

유럽을 실제보다 크게 나타냈으니 유럽 중심주의라고, 제3세계에 대한 차별이라고 거세게 비판한 사람들도 있었다. 1970년대 중반에 메르카토르 지도를 공격하는 무리가 나타났다. 메르카토르 도법은 속임수야, 제3세계는 결코 작지 않아, 세상을 있는 그대로 보라고! 그들은 그렇게 주장하며 국가별로 넓이를 반영한 지도를 만들어 열정적으로 퍼뜨렸다. 불과 50년 만에 8,000만 장이 팔리면서 지구촌 곳곳에서 메르카토르 지도를 내리고 새 지도를 올리게 했다. 소리는 없지만 거의 전쟁이었다.

두 가지 질문이 핵심이다. 첫째, 정말로 메르카토르 지도는 유럽 중심주의를 숨긴 속임수일까? 둘째, 국가별로 상대적인 크기를 제대로 반영하는 지도는 정말로 세계를 있는 그대로 제시한 지도일까? 두 번째 질문의 답은 간단하다. 공을 직사각형 평면에 나타내는 과정에서 왜곡은 피할 수 없다. 국가별 크기를 반영한 지도도 마찬가지다. 제아무리 정확한 측량에 기초해서 넓이를 반영해도 소용없다. 잘 해야 넓이만 정확하지, 모양이나 방향에서 오류가 발생한다. 아니나 다를까, 비판자들이 제시한 지도는 형태의 왜곡이 심하다. 적도 부분은 길쭉하게 늘어났고 극지방은 납작하게 눌렸다. 보기 민망할 정도다.

첫째 질문도 그다지 어렵지 않다. 다시 질문을 2개로 쪼갠다. 먼저 메르카토르 지도는 유럽 중심주의인가? 그렇다. 대서양이 가운데에 있고 유럽이 위에 있을 뿐만 아니라, 실제보다 크고 상세하게 그려졌다. 그러나 지도란 본래 자기 중심적이다. 중세 기독교 지도는 중심에 예루살렘을 놓았다. 조선이 건국되고 10년 만인 1402년에 나온 '세계 지도' 〈혼일강리역대국도지도混一疆理歷代國都之圖〉에는 조선의 크기가 유럽과 아프리카를 합한 것보다 크다. 오스트레일리아를 위에, 북반구를 아래에 그린 오스트레일리아 지도도 있다. 해가 뜨는 곳을 위에, 해가 지는 곳을 아래에 그린 남태평양 부족의 지도도 있다. 이런 마당에 유럽 사람이 유럽의 항해자들을 위해 만든 지도를 유럽 중심주의라고 비판하는 것은 과도하다.

속임수도 아니다. 왜곡된 지도를 보여주면서 내가 이 지도를 이렇게 왜곡했고 왜 그렇게 했는지도 밝혔는데 그것을 속임수라고 하면 너무 과하지 않을까? 지도란 결국 세계관의 문제이고 활용의 영역이라, 만든 사람들이 중심에 놓일 수밖에 없다. 메르카토르는 제목에 항해용이라고 했고 대강이나마 어떻게 왜곡시켰는지 밝혔다. 속임수라니, 너무했다.

지도가 체계적인 왜곡을 할 수밖에 없다면 왜곡 자체는 받아들여야 한다. 원칙에 따라 정말 '체계적으로' 했는지가 관건이다. 그것은 지도의 용도에 맞게 수학을 적용했는가로 결정된다. 공을 평면으로 대응시키는 함수, 이것을 투시projection라고 하는데 메르카토르는 원기둥 투시법을 썼다. 그렇게 한 이유는 지도의 제목에도 나와 있듯이 항해용 지도였기 때문이다. 메르카토르 지도에서 크기 왜곡은 처음부터 크게 중요하지 않았다.

이 지도가 항해용으로 적절한가? 그 문제만 남았다. 그 문제에 답하기 위해서는 수학이 필요하다. 그전에 별도 없는 컴컴한 밤에 망망대해를 항해하는 항해자가 되어보자. 어디로 갈까? 지도는 있다. 내가 갈 방향을 이 지도가 알려주면 좋겠다.

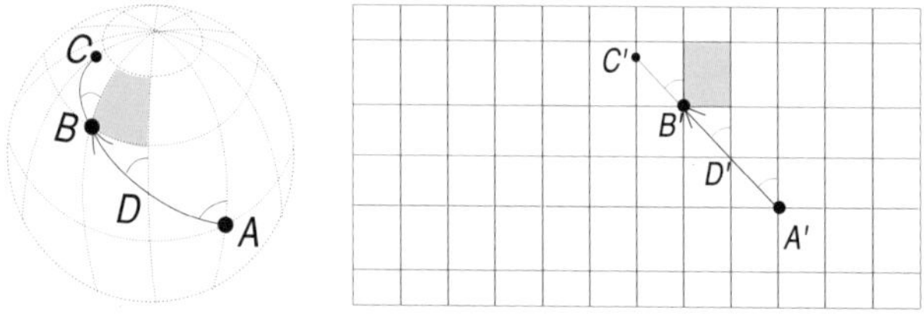

항해자가 방향타를 고정하면 현재 위치 A지점에서 목표 위치인 B로 갈 수 있다고 하자. 이 성질을 잘 반영한 지도는 항해용으로 더없이 좋은 지도다. 그런데 방향타를 고정한다는 것은 어떤 점 A에서나 다른 점 D에서나 배가 가는 방향과 자오선이 이루는 각이 같다는 말이다. 그런데 메르카토르 지도는 지구의 자오선들을 옆으로 늘여 지도의 평행선들로 만드는 동시에 위아래로도 늘였다. 가로로 10배 늘이면 세로도 10배 늘였다.

가로와 세로의 척도가 유지되고 지구의 자오선들이 평행선들을 이루는 직사각형 지도가 나온 것이다. 그래서 지구에서 방향타를 고정한 항해는 메르카토르 지도에서 직선으로 나타난다. 평면에 평행한 직선들이 있을 때, 예를 들어 A', D', B' 지점에서 각을 같게 하여 이은 선은 직선이니까. 사실 우리는 메르카토르 지도를 구현하는 진짜 수학을 말한 적이 없기 때문에 이 사실을 수학으로 증명한 것은 아니다. 엄격한 증명이 나오기까지 이 지도의 등장 이후 최소 100

년이 필요했다. 메르카토르는 이 사실을 직관적으로 받아들였을 것이다. 뭐, 그 시대에는 그럴 수밖에 없었다. 수학을 많이 알지 못하는 우리도 몇 발짝 떨어져서 이해할 수밖에 없다.

다만 주목할 것은 바로 이것이다. 메르카토르 지도를 보고 이 지도가 알려주는 대로 각도를 정해 배의 방향타를 유지하고 계속 항해를 하면 목적지가 나타난다! 즉 지도가 방향을 알려준다는 그것. 이것이 메르카토르 지도의 혁신이고 이 지도가 역사상 가장 위대한 지도의 반열에 오른 특별한 이유다.

물론 지도는 지도일 뿐, 현실은 아니다. 망망대해에서 현재 위치와 북쪽 방향을 정확하게 아는 것, 해류와 바람의 영향을 고려하며 한 방향으로 계속 간다는 것은 어려운 일이다. 직선으로 그은 뱃길에 육지가 있다면 우회해야 하고, 항해 기간을 단축하려면 최단 거리에 가깝게 가야 한다. 즉 실제 항해는 방향타를 고정해두고 잠을 자다가 일어나면 목적지가 나오는 그런 항해가 아니다. 때마다 방향타를 조정하기에 멀리서 보면 지도에서 곡선을 따라 항해하는 듯이 보인다. 그러나 곡선은 아주 가까이서 보면 아주 작은 직선들의 연쇄다. 어떤 연쇄를 만들어서 항해를 완수할 것이냐, 그것이 문제다. 그래서 선장이며 항해사들이 밥 먹고 사는 것 아니겠는가.

잠시 멈춰 서기

중요한 것은 원칙이 나왔다는 사실이다. 지도를 만든 사람은 할 일을 다했다. 선장은 지도를 보고 선택한 직선 구간에서 방향타를 어떻게 고정하라고 지시하면 되고, 선원들은 그 말을 따르면 된다. 아주 단순하게 말하면, 결국 지도가 하는 말을 따라만 하면 목적지가 나온다. 거기 수학이 있었고 드디어 수학적인 지도가 탄생했다. 그것이 중요하다.

그때만 해도 이런 생각이 바닷길에서만 소용이 있는 줄 알았다. 세월이 흐르고 하늘을 항해하는 비행기라는 물건이 나왔다. 하늘과 바다의 차이는 있지만 항해라는 근본은 같다. 땅에서도 마찬가지다. 내비게이션은 항법 장치다. 이 장치는 지구 주위를 돌고 있는 위성들에서 신호를 받아 열심히 계산하고 계산 결과를 화면에 내보내고 그것에 따라 위치와 거리를 알려주고 톨게이트나 휴게소 정보까지 말하는 지경에 이르렀지만, 결국 그것이 하는 말은 이것이다.

내가 가라는 대로만 가라. 그러면 목표 지점이 나온다! 그 덕분에 한여름 어느 해질녘에 모스크바 시내를 헤맬 때 모바일 기기가 우리의 항해를 이끌었고, 우리는 공연장에 도달했다. 발레 공연도 멋졌다. 그렇게 모든 것이 행복하게 끝이 났다.

그렇게 모든 것은 행복하게 끝이 났다. 과연 그럴까? 구글어스와 구글맵이 선도한 이 지도는 수천 년에 걸친 지도 제작의 꿈이 완수되었다는 뜻일까? 멀리서는 인공위성이, 그보다 가까이에서는 열

기구를 포함한 각종 항공기가, 더 가까이에서는 거리마다 카메라를 장착한 자동차가 우리 주위를 돌며 샅샅이 훑어낸 정보를 바탕으로 '따라만 오세요'라고 속삭이고 우리는 따라만 가면 원하는 지점에 도달한다. 다 잘된 걸까? 지도를 화면에 보여주는 그 장치는 자기 말을 잘도 듣는 우리에게 '있는 그대로'의 세계를 보여주는 걸까?

어려운 질문이다. 그 질문에 섣불리 답할 수는 없어도 생각은 해봐야 한다. 속지 않아야 하니까. 그러려면 놓치지 않아야 할 것이 있다. 첫째, 지도는 완전하게 실재를 보여줄 수 없다. 축소할수록, 평면으로 옮길수록, 시간이 지날수록 지도에서는 왜곡이 일어난다. 또한 모든 지도는 어떤 정보를 생략한 결과이기도 하다. 많은 정보량을 모두 담을 수는 없기 때문이다. 그래서 지도를 보여주는 자는 어떤 정보를 제공할지 선택하고, 지도를 보는 자는 그렇게 선택된 지도를 본다.

둘째, 지도는 자기 중심적이다. 지도에는 지도 제작자가 공간을 보는 관점과 지식과 지향이 들어 있다. 옛날 유럽 사람들은 아시아 지역을 식인종이 사는 곳으로 지도에 그렸다. 퀘이커교도가 그린 지도에는 전쟁과 연관된 시설이 모두 빠졌다. 기계가 우리를 스캔하며 읽어낸 정보는 수로 바뀌기 때문에 관점도 지향도 없다고 생각할 수 있지만, 그런 숫자 정보를 바탕으로 알고리즘을 만들어 지도로 보여주기까지 무수히 많은 선택이 개입한다. 우리가 모스크바에서 켠 모바일 지도도 그랬다. 우리에게 알려준 길에서 카페와 호텔을 중요하게 보여주었다.

셋째, 모바일 지도는 우리를 그리로 따라오라고 했지만 동시에 따라가는 우리의 길과 행동을 스캔하여 다시 정보로 바꿔 송출한다. 그 정보를 어디에 쓸지 우리가 선택하지 못한다. 지도를 제공하는 쪽이 선택한다. 넷째, 모바일 지도를 만든 기업들은 정보의 소스를 공개하지 않는다. 그들이 어떤 정보를 어떻게 모았고 어떤 알고리즘을 썼고 어떤 정보를 지도에 표시하고 어떤 정보는 생략하는지 우리는 모른다. 메르카토르 지도만 해도 우리는 빙의와 상상과 짐작으로 어느 정도 그 정보를 알아낼 수 있었다. 그러나 모바일 지도는 정보가 많고 복잡하기 때문에 우리가 알려고 해도 도저히 알 수 없다.

작은 도둑은 보여도 큰 도둑은 잘 안 보이듯 작은 속임수보다 큰 속임수가 알아채기 더 어렵다. 지금 우리의 지도가 인류 역사에서 누구도 경험하지 못한 거대한 속임수로 드러날 가능성, 나의 한 걸음이 나도 모르게 그 속임수에 일조할 가능성, 지도를 만든 사람들의 오랜 숙원인 '따라만 오세요'가 거의 구현된 시대에 '그렇게 모든 것은 행복하게 끝이 났습니다'가 아닐 가능성 앞에서 우리는 무엇을 할 수 있을까?

평생 들을 '메르카토르'라는 이름을 여기서 다 들어 지겹겠으나 한 번만 더 그 이름을 소환하겠다. 메르카토르는 유작으로 책을 하나 남겼다. 그 제목이 지금의 우리에게 의미심장하다.

《아틀라스, 또는 창조된 세계와 그 세계의 창조에 대한 우주지리적 명상》

Atlas Sive Cosmographicae Meditationes de Fabrica Mundi et Fabricati Figura

지도와 창조된 세계, 지도와 세계의 창조, 지도와 명상, 그것도 우주지리적 명상이라니, 언뜻 어울리지 않아 보인다. 그런데 잠시 멈춰 서서 다시 메르카토르에 빙의를 시도한다. 그는 이렇게 말하고 싶었던 것 아닐까?

지도를 신나게 따라가되, 가끔은 멈춰 서라. 지도의 생성을 생각하고 지도의 원형인 세상을 생각하고 그 안에서 우리가 어디에 있는지 찬찬히 생각하라. 광활한 우주의 탄생과 그 우주 안의 지구와 그 지구 안에서 살아감에 대하여 찬찬히 생각하라. 바로 이런 의미?

12장

'막말'에 대한 수학적 **고찰**

수 리 논 리 의 힘

바야흐로 막말의 시대다. 앞에 나서는 사람일수록 더 말을 조심해야 하는데 작금의 세상은 반대다. 정치인은 앞뒤 안 맞는 말을 하고 호통부터 친다. 언론인은 그러거나 말거나 식의 기사들을 써낸다. 헐뜯기, 인격 살인 댓글, 평점 테러, 거짓말, 속임수 등 막말의 스펙트럼은 넓고 전파 속도는 빠르다.

어떤 종류의 막말이든 들으면 칼에 찔린 듯 아프다. 그럴 때 대처 방법 중 하나는 피신이다. 더러운 꼴을 보면 거기 머물지 않고 일단 피하지 않던가. 피신 방법 중에는 이성의 불을 켜는 것이 있다. 현상의 이전과 이후를 따져보는 것이다. 이성이 작동하면 호흡의 주기가 돌아오고 마음은 가라앉는다.

나의 경우는 특히 수학의 관점으로 상황을 보려고 시도한다. 세상일을 어떻게 수학에 전부 싣겠는가? 성공하지 못할 때도 많지만 여하튼 피신은 된다. 조선의 문장가 연암 박지원은 들뜬 성정을 가진 옆집 아이에게 수학 공부를 권했다는데, 그건 아마 집중하면 잡생각을 잊는다는 심리적인 부가 효과 때문이리라. 셈을 할 때는 집중할 수밖에 없으니 말이다. 하지만 내 생각에는 수학의 언어가 워낙 추상적이고 차갑다 보니 열 받은 마음도 사그라드는 것 같다. 수학이 마음의 묘약은 아니지만, 들뜬 마음을 차분하게 이동시켜주는 수단으로는 포르쉐 급이다.

그래도 막말이 소나기처럼 쏟아질 때는 정신이 없다. 그럴 때 이런 질문을 던진 적이 있다. 이 세상의 막말이라는 막말을 다 모았다고 치자. 그러면 그중 최댓값에 해당하는 막말은 무엇일까? 어떤 집합이 있을 때 거기 최댓값이 있는지, 있다면 무엇인지 묻는 것은 수학 행위의 기본이다. 그래서 나도 막말의 왕을 찾는 질문을 던진 것이다. 질문만 해도 마음이 가라앉았다. 생각을 더 했다. 다음은 그 질문에 답을 찾으며 했던 생각이다. 물론 수학다운 질문도 아니고 그 답을 찾는 과정도 수학적이지 않다. 그냥 수학 공부한 사람의 '막말 가스 피신 일기'랄까.

거짓이 왜 문제일까

엄격한 수학은 아니어도 수학 비슷하려면 정의부터 해야 한다. 생각의 테두리를 쳐야 하니까. 여기서는 막말이 핵심 용어다. 흔히 막말은 과장, 음해, 속된 말을 뜻하지만 여기서는 그것들을 포함해,

'그러거나 말거나' 식의 무책임한 말, 속이는 말, 거짓말까지 두루 포함한다고 하자. 한마디로 말 같지 않은 말이다.

막말의 유독가스 속에서 콜록대며 막말의 왕을 선정하기 위해 나름대로 끙끙댔다. 그러나 생각을 시작하니 과연 잠시 후에 호흡이 정상으로 돌아왔다. 최종 후보로 2개가 남았다. 그중 하나는 '거짓을 전제로 한 가정 문장'이 선정되었다. 이런 형태의 문장은 무조건 참이 된다는 게 문제다. 예를 들어 '0=1이라면 1=2다'라는 문장을 보자. 1=2는 거짓이지만 이 가정 문장 전체는 참이다. 증명도 할 수 있다. 왜냐하면 0=1이라면 0+1=1+1이고 그래서 1=2가 된다. 그런데 0=1이라면 1=3이라는 문장도 참이다. 왜냐하면 0=1이면 1=2이기도 하니까, 1+1=2+1이고 그래서 2=3이 된다. 1=2이고 2=3이니까, 1=3이 된다. 그런 식으로 계속하면 0=1=2=3=4=⋯ 이고 결국 0=1이라면 모든 수는 같다는 결론이 나온다. 세상에 수는 하나밖에 없는 것이다. 따라서 수학도 없다. 만세!

절에 가면 입구에 불이문不二門이 있다. 불이不二 사상은 불교의 기반이다. 세상은 하나이고 변화란 없으며 운동도 없다고 주장하는 서양 철학도 있다. 그러나 수학은 근본부터 그런 사상과 다르다. '있음과 없음은 다르다. 즉 0=0이고 1=1이지, 결코 0=1이 아니다'라는 위대한 기초에서 수학은 시작하고 그것을 지키는 데 일관한다. 그게 무너지면 수학은 없다. 세상을 분별해서 크기와 순서를 정하고 개수를 세고 셈을 하는 것이 수학 아니던가.

철학은 철학에게, 수학은 수학에게 맡기고 엉뚱한 생각을 계속

해가자. 거짓을 전제하는 가정 때문에 항상 참인 결과가 나오는 현상은 수학 문장에서만 그런 것이 아니다. 가정이 들어간 문장을 하나 보자.

해가 서쪽에서 뜬다면 나는 달을 딴다.

'달을 못 딴다고 쉽게 말하면 되지 뭘 이렇게 배배 꼬아서 말해?' 라고 이해할지 모르겠다. 그러나 그렇게 들었다면 오해다. 말을 넘겨짚지 말고 있는 그대로 보아야 한다. 저 말은 '해가 서쪽에서 뜬다'라는 가정이 성립하면, 나는 달을 딴다는 말일 뿐이다. 그런 가정이 성립하지 않으면, 즉 해가 서쪽에서 뜨지 않는다면 달을 따지 않는다는 말이 아니다. 만약 해가 서쪽에서 떴는데 정말로 내가 달을 딴다면 저 말은 참이다. 해가 서쪽에서 떴는데 내가 달을 따지 않는다면 저 말은 거짓이다. 그게 저 말의 있는 그대로다.

그런데 어느 날 해가 동쪽에서 떴다! 그때 내가 달을 따지 않는다면? 물론 참이다. 그런데 달을 딴다면 거짓일까? 아니다. 잘못된 것은 전혀 없다. 해가 동쪽에서 뜨는 조건에서 내가 무엇을 하는지 나는 말한 적이 없다. 최소한 거짓은 아니다. '0=1이면 1=1이다'라는 문장도 마찬가지다. 전제가 거짓인 이 가정 문장을 거짓이라고 말할 수 없다. 이런 이상한 가정 문장을 참이라고 할지 거짓이라고 할지 애매하긴 하다. 둘 중 하나를 선택해야 한다면 참이라고 정하는 게 낫다. 그게 더 합리적이기 때문이다. 여기 거짓이 아닌 것이 있다. 그것을 참과 거짓, 둘 중 하나에 넣어야 한다면 어디에 넣는 게 합리적이겠는가?

거짓을 전제로 한 가정 문장은 참과 거짓의 경계를 흐릿하게 한다. 그 사실만으로도 거짓을 전제로 가정하는 것은 위험하다. 가만히 보면 논리적인 척하면서 남을 헐뜯는 교활한 사람들이 이런 기술을 쓴다. 독자 여러분들도 주변을 유심히 보시기 바란다. 참과 거짓의 분별을 없애려는 시도처럼 지독한 막말은 없다. 그것은 모든 막말과 속임수의 근원이다.

√2를 둘러싼 진실 공방

여기서 조심할 게 있다. 논리적 속임수에 현혹되지 않는 연습도 할 겸, 막말의 왕 후보 선정에서 한 발 물러서서 약간 다른 이야기를 해보고 싶다. 수학은 거짓 동원을 일삼는다는 이야기다. 아니, 진실과 이성의 첨단인 수학이 거짓을? 놀랄 분이 계시겠지만 사실이다. 2000년 넘게 쓰이는 강력한 방법이다. 중학교를 마친 지 너무 오래된 독자께 죄송하지만 수학 예시다. 고대 그리스의 지성계를 강타했던 아주 중요한 수학 명제가 있다. 바로 이것이다.

넓이가 2인 정사각형의 한 변은 유리수가 아니다.

수학이 수식으로 표현되는 우리 시대의 용어로 바꿔 쓰면 이렇게 된다.

$x^2=2$이면 x는 자연수 분의 자연수 꼴로 표현할 수 없다.

똑같은 뜻을 가진 문장을 이렇게도 쓸 수 있다.

$x^2=2$이면 $x=\frac{a}{b}$인 자연수 a, b는 없다.

증명이 많기로 소문난 피타고라스 정리만큼은 아니지만 이 사실을 밝히는 증명도 아주 많다. 그중 하나에 이런 것이 있다. 잠깐, 좋은 생각이 났다. 이야기를 법정 연극 형태로 해보겠다. 수학의 시작은 논증이었고 논증의 칼싸움을 가장 잘 드러내는 형태가 법정 공방이니까.

먼저 $x^2=2$인 수의 실체를 모르니 임시로 K라고 놓겠다(물론 학창 시절의 기억이 있는 분들은 이 K가 실은 $\sqrt{2}$라는 걸 아시리라. 여하튼 그건 기호일 뿐, 중요하지 않다). 나는 변호사다. 검사는 K가 유리수 집단에 소속되었다고 기소했다. 나는 그럴 리가 없다는 사실을 밝혀내서 K의 정체성을 제대로 자리매김하려 한다. 법정에서 오간 대화다. 국민 재판이고 독자 여러분은 배심원이다.

이제 시작합니다. 여러분의 현명한 판단을 부탁드립니다.

변호사 방금 검사는 K가 유리수의 일원이라고 주장하면서 구체적으로 $\frac{a}{b}$인 자연수 a, b를 제시하지는 못했습니다. 그냥 아닐 리가 없다고만 주장하셨죠. 그건 터무니없습니다.

검사 왜요? 자연수는 무한히 많고, 그래서 a, b의 자리에 넣을 수 있는 수도 무한히 많고, 그래서 $\frac{a}{b}$로 표현할 수 있는 수도 무한히 많습니다. 예를 들어 두 자릿수들로 된 $\frac{17}{12}$만 하더라도 이 유리수를 제곱하면 2.007입니다. 2와 고작 0.007 정도 다릅니다.

변호사 그래서요?

검사 변호사님은 아직 제 말을 이해 못하셨군요. 세 자릿수들로 된 유리수 $\frac{577}{408}$은 말입니다, 제곱하면 2와 비교할 때 고작 0.000006 정도밖에 차이가 안 납니다. 네 자릿수들, 다섯 자릿수들로 만들다 보면 제곱해서 2가 나오는 수가 있을 수밖에 없죠.

변호사 유리수 집단이 무한히 많다고 K도 그 안에 있어야 한다니 말이 됩니까? 소수prime number 집단도 무한 개이지만 4나 6 같은 수는 소수가 아니지 않습니까? 우리가 밝혀야 할 진실은 '그러냐 아니냐' 그것이지, '그래야 한다'가 아닙니다. 게다가 그래야 한다는 검사님의 주장조차 결국은 '그럴 것 같으니까 그래야 한다'는 말씀 아닙니까?

검사 변호사님 억지 좀 부리지 마세요. (그러나 약간 주눅이 든 목소리로) 제가 한 말이 어디 그거였습니까? 이 경우는 다르죠. 고작 몇 개만 해도 K에 아주 가까이 있는 수가 있지 않았습니까?

변호사 존경하는 검사님. 지금 검사님은 억지를 부리고 계십니다. 검사님의 말을 정리하면 K가 유리수 집단에 없을 리 없으니까 있다는 말이지 않습니까?

검사 (검사는 더 풀이 죽었다. 그러나 속내가 들통난 사람이 으레 그렇듯이 되레 화내는 목소리로) 아니, 내가 언제 그렇게 말했습니까? 존경하는 변호사 양반! 좋소. 당신이 그렇게 K가 유리수가 아니라고 주장한다면 나를 반박하지만 말고 당신 말을 한번 해보시오. 어디 들어봅시다.

나는 변론을 시작한다. 검사가 중간에 끼어들었지만 생략해서 요약한다.

변호사 검사님 말씀대로 유리수 집단 어딘가에 K가 있다고 해보겠습니다. 자연수 a, b일 때, $\frac{a}{b}$라는 말입니다. 그런데 K는 그 본성상 최소한 한 가지 성질을 가집니다. 즉 제곱하면 2가 된다는 거죠. 그렇다면, $\left(\frac{a}{b}\right)^2 = 2$이고, 그것은 $a^2 = 2\times b^2$이라는 말이기도 합니다(이건 $\left(\frac{a}{b}\right)^2 = \frac{a^2}{b^2}$을 전제로 하는 말이지만 검사는 이런 세밀한 부분에 대해서까지 말꼬리를 잡을 만큼 막 나가는 사람은 아니었다).

좋습니다. 결국 남은 것은 이것입니다. K가 유리수 집단에 소속되었고 그 수가 $\frac{a}{b}$라면 그런 자연수 a, b는 $a^2=2\times b^2$이라는 성질을 가질 수밖에 없다는 사실입니다. 그러나 이것은 말이 안 됩니다. 있을 수 없는 일이라는 말입니다. 어떻게 이런 일이 발생한 것일까요? 가정을 하고 한 발 한 발 논증을 하는 동안 잘못된 것은 없었는데 결국 일어날 수 없는 일이 일어났다는 것은 무슨 뜻이겠습니까? 그것은 처음 가정이 잘못되었다는 뜻입니다. 그 이유 말고 다른 이유는 있을 수 없습니다. 즉 K가 유리수 집단에 소속되었다는 가정이 잘못이었고 따라서 K는 유리수가 아닙니다.

내 변론이 끝나자 법정은 고요했다. 그러나 묵직한 차원에서는 출렁였다. 검사 또한 내 변론 사이사이에 추가 질문은 했지만 치졸한 방해는 하지 않았고, 입을 굳게 다물었다. 나는 논증에서 이겼다. 변호사가 된 뒤로 수학 공부를 게을리하지 않았던 보람을 느낀 날이다. 수학은 나에게 쉽지 않은 분야이지만 그렇다고 쉽사리 포기해버렸더라면 오늘의 이 승리는 없었으리라.

검사는 무엇을 놓쳤을까

이 논증을 한 발짝 물러서서 보자. 우리가 무엇을 보고 있는지 생각해보자. 우리는 어떤 사실 A를 보이고 싶었다(이 논증에서 A는 '$x^2=2$이면 $x=\frac{a}{b}$인 자연수 a, b는 없다'). 그런데 느닷없이 'A가 아니다'라는 가정을 꺼냈다. 그러면 합리적인 유도 과정을 거쳐 'B다'가 도출된다(이 논증에서 B는 '$a^2=2\times b^2$이다'). 그런데 수학의 본성상 B가 아니라는 사실도 참이다. B와 not B가 동시에 참이라는 결론이 나왔다. 말이 안 된다. 'A가 아니면' 말이 안 되는 상황에 도달했으니 'A다'가 맞다. 더 줄여서 말하면, A가 참이라는 사실을 보이기 위해 A를 거짓이라고 가정했다. 그 가정에서 출발하여 말이 안 되는 결론에 도달하고, 말이 안 되는 그 결론 때문에 A가 거짓은 아니라고, 즉 참이라고 한 것이다.

다음 날 나는 식당에서 혼자 밥을 먹고 있었다. 전날의 승리를 기념할 겸 특별한 음식을 시켜 느리게 음미했다. 그런데 어제의 검사가 식당으로 들어왔다. 그는 일행에게 양해를 구하고 나에게 다가왔다. "변호사님, 어제 당신은 멋졌어요. 패배를 인정합니다. 그런데 말입니다. 제가 다시 생각해봤거든요. 패배가 억울해서 그런 건 아니에요. 저, 뒤끝 있는 사람 아닙니다. 다만 당신의 논증이 조금 이상하단 생각이 들었습니다. 어제 당신은 A가 참이라고 주장하면서, 'A가 거짓이라고 해보자'라는 가정으로 논증을 시작하여 그 가정하에서는 말이 안 되는 상황이 되므로 A가 거짓이 아니다라고 주장했습니다. 그런데 그건 'A인 동시에 not A다'에서 시작한 것이므로 이미 그 자체가 말이 안 됩니다. 말이 안 되는 상황에서 시작했으니 어떻게 하든 말이 안 되는 상황이 나올 수밖에 없는 것 아닌가요?"

나는 입에 있던 음식을 씹지 못하고 꿀꺽 삼키고 답했다.

변호사 검사님 말씀은, 그럼, K는 유리수 집단에 있다는 사실도, 'K가 유리수가 아니라고 해보자'라고 가정해서 증명할 수 있다는 것인가요?

검사 그렇죠.

변호사 그렇다면 어떤 사실이든 증명할 수 있다는 말씀이네요? 그 사실이 참이라고 보이려면 무조건 그 사실이 거짓이라고 놓고 시작하면 말이 안 되는 상황이 나올 테니까. 1+1=3도 증명할 수 있다는 말씀이시죠? '1+1≠3라고 해보자'라고 시작해서?

검사 음, 그건 좀 이상하긴 하네요.

변호사 검사님께서 한 가지 놓친 게 있습니다.

검사 그게 무엇인가요?

자, 이 대화는 여기서 멈추겠다. 지금까지 변호사와 검사 두 사람이 논쟁하는 것을 구경만 하신 배심원 독자 여러분이 스스로 생각해보기 바란다. 검사가 놓친 게 무엇인지를, 과연 이 논증 방법이 '거짓을 전제로 한 가정 문장'과 어떻게 다른지를. 이 생각법은 논리적 속임수에 현혹되지 않는 연습을 하기 위함이고, 답보다 생각하기 자체를 즐기기 위함이니, 답에 연연하지 말고 독자께서 차분히 생각해보시기 바란다. 막말의 시대를 가라앉히기 위해 옆 사람과 견줘보며 대화를 이어간다면 더 좋겠다.

문제는 논리

막말이라면 흔히 인격 모독, 편견에 치우친 말, 상스러운 표현 등을 말한다. 실제로 사람에게 상처를 주는 말은 그런 것들이다. 그러나 그런 말들은 내가 선정하는 '막말의 왕' 최종 후보에서 탈락했다.

첫째, 개인에게 그 상처는 너무 깊어 내가 헤아리기가 어렵다. 둘째, 막말의 피해자 쪽을 보면서 막말의 왕을 뽑기보다는 막말의 가해자 쪽을 보고 막말의 왕을 뽑고 싶었다. 막말 집합에서 최댓값을 선정하는 일을 시작했던 이유가 이성의 빛을 밝혀 막말의 시대에서 잠시 피신하려는 의도가 있었기 때문에 더욱 그랬다. 논리적인 측면에서 평가를 하고 싶었던 것이다.

이런저런 생각을 하다 둘이 남았다. 하나는 이미 말했고 이제 남은 하나를 말할 차례다. 그것은 일구이언一口二言이다. 즉 한 입으로 두말하는 것, 논리 용어로 말하면 A라고 말해놓고 not A라고도 하는 것이다. 예를 들어 0=0이라고 해놓고 0≠0라고도 말하는 경우다. 해가 동쪽에서 뜬다고 하고 서쪽에서도 뜬다고 말하는 것도 마찬가지다. 현실에서는 그렇게 노골적으로 드러내지는 않는다. 한 자리에서 이렇게 말하고 다른 자리에서는 그 말을 부정하되, 안 그런 척 포장하기 일쑤니까. 한 입으로 두말하냐는 질책은 말과 행동이 같지 않다는 언행불일치言行不一致만큼 나쁜 덕목이라는 것을 일구이언 하는 자신도 아는 것이다. 대놓고 한 입으로 두말하는 사람보다 더 얄밉지만 막말의 왕 후보에 오른 이유는 얄미워서가 아니다. 논리가 문제다.

수학이라는 학문은 참 오래되었다. 나이가 적어도 수천 년이다. 오래된 학문이라 분야도 다양하다. 그중에 수리논리학이라는 분야가 있다. 그 분야도 다시 가지를 많이 쳤는데 그 세부 분야 안에 증명론이라는 것이 있다. 그 분야는 다시 세세하게 나뉘지만 크게 보면 증명론은 수학의 증명이란 무엇이고, 증명다움은 무엇이며, 논리적인 증명의 구조는 어떠한지를 살피는 분야다. 숫자를 계산하듯이 공리와 추론 규칙에서 정리를 유도하기 때문에 추론 계산이라고도 할 수 있고, 그래서 인공지능 분야에 기여한다.

예를 들면 이런 것이다. 누군가 P이면 Q를 증명했다고 하자. 그런데 다른 누군가 P를 증명했다. 그러면 자동으로 우리는 Q가 증명되었다고 본다. 기호로는 이렇게 쓴다('현학적으로 보이더라도 양해를 부탁드린다. 막말에서 피신하기가 빠르게 진행되려면 기호를 쓸수록 유리하다').

$\Gamma \vdash P \rightarrow Q$ 이고 $\Gamma \vdash P$ 이면 $\Gamma \vdash Q$ 다.

이게 도대체 무슨 말인가? $\Gamma \vdash P$ 만 풀어보겠다. 그리스어 대문자인 Γ는 '감마'라고 읽는데 여기서는 공리들의 모음이라고 이해하자. 즉 이 논증에 참여한 사람들이 합의한 참인 문장들이다. 법에 비유하면 법을 제정하는 원칙인 헌법과도 같은 것이다. 컴퓨터에 내장된 기본 프로그램이라고 봐도 되고 게임의 기본 규칙이라고 봐도 된다.

수학을 오랫동안 공부한 분들도 낯선 기호인 ⊢은 '증명된다'라는 뜻이다(내가 알기로 이 기호의 이름은 없다. 그러니 우리가 먼저 '증명해'라고 한글로 이름을 주기로 하자). 그래서 '$\Gamma \vdash P$'라는 기호를 말로 하면, '어떤 공리들 모음인 Γ에서 P라는 문장이 증명된다'라는 말이다. 예를 하나 들어보겠다. 공리 모음 Γ 안에 다음과 같은 문장이 있다고 하자.

공리 1 두 점이 있으면 그 두 점을 잇는 선분이 하나 있다.

공리 2 선분의 끝은 점이다.

공리 3 두 점이 있으면 한 점을 중심으로 하고 두 점 사이의 간격이 반지름인 원이 하나 있다.

여기서 증명할 P의 예시로 '선분 하나가 있을 때 그것을 한 변으로 하는 정삼각형이 있다'라는 문장을 잡겠다. 순수하게 논리로 증명해야 하지만 그림을 넣어서 생각을 돕기로 한다. 선분 하나가 있다고 했으니 초기 상황을 나타내는 그림은 이것이다.

이제 증명에 들어가겠다.

- 선분 하나의 끝인 점 A를 중심으로 하고 간격 AB를 반지름으로 하는 원을 그린다. 공리 2와 공리 3에 따라 가능하다.
- 선분 하나의 끝인 점 B를 중심으로 하고 간격 BA를 반지름으로 하는 원을 그린다. 공리 2와 공리 3에 따라 가능하다.

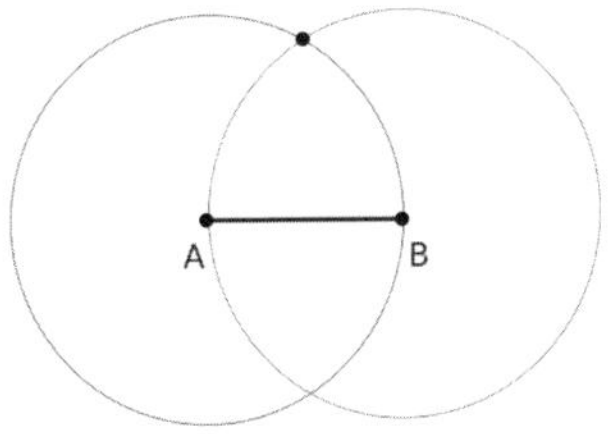

중요한 이야기는 아니지만, 아래 그림은 작가 제임스 조이스의 장편 소설《피네건의 경야》에 등장한다.

- 두 원이 만나는 지점 하나를 점 C라고 놓는다.
- 점 A와 점 C를 잇는다. 점 B와 점 C를 잇는다. 공리 1에 따라 가능하다.

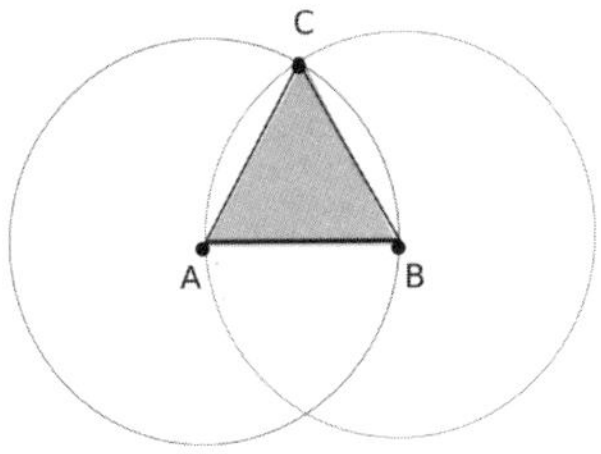

이렇게 만들어진 삼각형 ABC에서 변 AB와 변 AC는 같다. 둘 다 한 원의 반지름이니까 그렇다. 같은 이유로 변 BA와 변 BC도 같다. 따라서 세 변은 모두 같다. 그래서 삼각형 ABC는 정삼각형이다. 공리 3개에서 새로운 문장 '선분 하나가 있을 때 그것을 한 변으로 하는 정삼각형이 있다'가 유도되었다.

수학을 전공하는 사람들이 하는 정도로 엄격하지는 않지만, 수학적인 증명이 무엇인지, 그리고 기호 Γ⊢P는 무엇인지 방금 든 예시로 어렴풋이 감이 잡힐 것 같은데 지금 독자들의 심정은 어떠신지 궁금하다. 기왕 여기까지 온 것, Γ⊢P→Q도 보자. 앞의 공리 집합 Γ는 그대로 두겠다.

증명할 P→Q의 예시는 '삼각형의 밑변에서 올린 두 변의 길이가 같으면 정삼각형의 세 각은 서로 같다'다. P 자리에 '삼각형의 밑변에서 올린 두 변의 길이가 같다', Q 자리에 '정삼각형의 세 각은 서로 같다'가 들어갔다. 자, 증명이다.

- 각 CAB와 각 ABC는 같다. 밑변을 AB로 봤을 때 이 정리의 전제와 정삼각형의 정의에 따라 그렇다.
- 각 ABC와 각 BCA는 같다. 밑변을 BC로 봤을 때 이 정리의 전제와 정삼각형의 정의에 따라 그렇다.
- 따라서 정삼각형의 세 각은 모두 같다.

말은 길게 썼지만 Γ⊢P→Q의 한 예시였다. 이게 증명된 것이다. 이제 누군가 명제 P, 즉 '삼각형의 밑변에서 올린 두 변의 길이가 같다'라는 사실을 우리의 공리 집합 Γ에서 증명한다면 우리는 '자동으로' '정삼각형의 세 각은 서로 같다'라는 사실을 '이미' 증명한 게 된다. 물론, 따로 명제 Q, 즉 '정삼각형의 세 각은 서로 같다'라는 사실을 증명해도 되지만, Γ⊢P→Q를 보이고 Γ⊢P를 보여, 계산하듯이, Γ⊢Q를 얻어내도 된다.

그러나 '삼각형의 밑변에서 올린 두 변의 길이가 같다'라는 사실을 증명했어도 '정삼각형의 세 각 중 어떤 각이든 60도'라고 단정할 수는 없다. 우리는 정삼각형의 세 각이 서로 같다는 사실만 보였지, 그것이 얼마인지에 대해서는 어떤 정보도 없기 때문이다. 이 명제를 기존의 공리 집합인 Γ로 증명할 수 있느냐 없느냐에 대해서는 여기서 말하지 않겠다. 그보다 쉬운 길을 택하겠다. 기존의 공리 집합 Γ에 공리 하나를 추가해보는 것이다. 그 공리는 이것이다.

- 어떤 삼각형이든 세 내각의 합은 180도다.

삼각형은 무수히 많다. 크기도 제각각이고 모양도 제각각인데 이 명제는 정말 참일까? 그것에 대해서도 말하지는 않겠다. 다만 여기서는 공리로 합의하자는 것이다. 이 공리 명제를 R이라고 쓰겠다. 이 상황을 기호로는 이렇게 쓸 수 있다.

$\Gamma \oplus R \vdash$'정삼각형의 세 각 중 어떤 각이든 60도다.'

공리가 Γ에서 $\Gamma \oplus R$로 확장되면서 새로운 사실을 더 증명할 수 있게 된 것이다. 막말의 시대에 막말로부터 피신하기 위해 막말의 왕을 선정하다가 이야기가 곁길로 들어가 꽤 많이 갔다. 이제 휙 돌아서서 다시 막말 이야기로 튀어 오르겠다.

막말의 왕, 일구이언

결론을 말하면 이렇게 된다. 공리라고 생각할 만한 합리적인 공리들에 일구이언을 공리로 추가한다. 그러면 어떤 문장이든 증명할 수 있다. 우리가 썼던 기호로는 다음과 같이 표현된다.

$$\Gamma \oplus R \vdash P$$

여기서 Γ는 합리적인 공리들이다. R은 일구이언이다. 이것마저 기호로 쓰면 위의 기호는 $\Gamma \oplus \{A, \text{not } A\} \vdash P$가 된다. 기존 공리 안에 A와 not A가 동시에 들어갔다. 즉 이 공리 체계는 해가 서쪽에서 뜬다고도 주장하고, 해가 서쪽에서 뜨지 않는다고도 주장할 권리를 가졌다. 여기서 명제 A가 무엇이든 상관없다. 중요한 것은 우리가 어떤 명제를 증명할 수 있는 공리 체계, 즉 $\vdash$의 왼쪽 부분이 모순을 담고 있다는 사실이다. 더 중요한 것은 명제 P가 어떤 문장이든 상관없다는 사실이다.

일구이언한 사람을 보면, 까닭은 모르겠지만 믿음이 안 가는 게 인지상정 아니던가. 우리는 상식으로도 안다. 수학이라고 특별한 것은 없다. 다만 수학은 이유를 드러낸다. 수학적 일구이언, 즉 $\Gamma \oplus \{A, \text{not } A\} \vdash P$가 하는 말의 위험은 이것이다. 합리적인 전제들이 있더라도, 일구이언이 거기에 추가되면, 그 논리 체계는 어떤 명제든 증명할 수 있다. 그래서 세상의 모든 문장은 참이 된다. A도 공리로 가지고 not A도 공리로 가지는 기계는 세상의 어떤 명제든 자동으로 증명할 수 있는 천하무적 기계라는 말이기도 하다.

즉 일구이언은 참과 거짓의 경계를 지운다. 흐릿하게 하는 정도가 아니다. 아예 말끔하게 지운다. 그러면 모든 것은 참이다. 남에게 상처를 주는 말이라도 그 말이 거짓이라고 밝히면 단죄를 할 수 있으니 그나마 낫지만, 참과 거짓을 지워버리면 세상은 아무 말이나 옳다고 떠드는 사람들로 채워질 것이다. 속임수와 거짓이 진실과 구분없이 쓰인다면 말이 있을 필요가 없지 않겠는가? 말이 필요 없는 세상이다. 힘만 남는 세상이다. 힘으로 밀어붙이면 뭐든 되는 세상이다(그래서 힘센 사람들이 일구이언을 일삼는 것 아닐까). 일구이언의 문장은 세상의 모든 말을 소용없게 하는 막말이다. 최강의 막말이다. 말을 사라지게 하는 말이다. 그래서 말이 아니다.

노자의 《도덕경道德經》은 '도를 도라고 말하면 진짜 도가 아니다'라는 말로 시작한다. 불교는 색色이 공空이고 공이 색이라고 말한다. 기독교에는 낙타가 바늘귀를 통과하기 어렵듯이 부자가 천국에 들어가기 어렵다는 비유가 있고, 동시에 돈을 투자해서 부를 늘린 하인을 칭찬하고 부를 늘리지 않은 하인을 질책하는 달란트의 비유가 있다. 문맥을 무시하고 읽으면 일구이언처럼 느껴진다. 문맥을 고려하면 모순이 아닌데도 말이다. 그만큼 일구이언을 현실에서 정확히 짚어내는 것은 쉽지 않다. 수학에서는 명쾌했던 이야기가, 역시나 현실로 오니 복잡해진다. 뭐, 괜찮다. 수학 비슷하게 생각했고 일구이언을 수학의 관점에서 평가했고, 그러는 동안 막말의 악취를 잊었으니까.

노자님, 붓다님, 예수님, 모두 이 불손한 글에 나오셨으나 한 분이 빠졌으니, 막말 피신용 글을 끝내면서 공자님께 한 말씀 부탁드렸다. 이런 답을 주셨다.

> **이름이 바르지 못하면 말이 이치에 맞지 않고,**
>
> **말이 이치에 맞지 않으면 일이 이루어지지 않는다.**

13장

곱셈만 알아도 **충분하다?**

인공지능 시대의 생존법

누가 상상이나 했을까? 소프트웨어 업계와 택시 업계가 충돌하리라고? 책상에 앉아 모니터를 보며 키보드를 두드리는 직업과 아스팔트 길을 다니며 차를 운전하는 직업이 생존 게임을 벌일 줄이야. 당장은 차량 공유와 렌터카가 택시업을 잠식하며 다투는 격랑이지만 그 너머에서 자율주행차라는 태풍이 다가오고 있다. 그리고 그 태풍의 눈은 인공지능이다.

복잡하게 얽힌 교통망 안, 빠르게 달리는 상황에서 차량이 그 자신을 자동으로 제어하기 위해서는 항법 장치와 운전 능력은 물론이고 사물을 인식하는 능력, 응급 상황에 대응할 수 있는 능력까지 고루 갖추어야 한다. 차는 결국 물건인데 물건이 '지능' 없이 그런 복합 기능을 수행할 수 없기 때문에 우리는 '인공지능'이라는 이름을 붙인다. 인공지능의 파도에 출렁이는 것은 택시 업계만이 아니다. 증기기관이 밀어붙인 기계 시대와 마찬가지로 인공지능도 세상을 흔들 것이다.

미래를 보기 위해 과거로 돌아가 보자. 인공지능은 어디서 온 것일까? 관점에 따라 다양한 답이 가능하다. 인공지능을 생활에 적용하는 구글, 페이스북, 네이버, 카카오같이 이름도 기기묘묘한 기업들이 탄생시켰다고 볼 수도 있고, 뇌과학, 심리학, 인터넷, 통계학, 컴퓨터공학 등 과학 기술이 탄생시켰다고 볼 수도 있다. 더 거슬러 올라가 컴퓨터의 기본 개념을 제시한 찰스 배비지Charles Babbage, 앨런 튜링Alan Turing, 카를 노이만Carl Neumann 같은 수학자들이 탄생시켰다고 볼 수도 있고, 아예 인간의 인식을 고민한 철학자들까지 불러낼 수도 있다. 여기서는 수학의 관점으로 그 문제를 보려고 한다.

곱셈의 시대

곱셈의 시대가 인공지능의 탄생 지점이다. 이것이 내 생각의 결론이다. 엄격하게 탐구한 결론은 아니다. 이리저리 순진하게 생각하고 그 생각을 더듬대다 이른 지점일 뿐이다. 무작정 결론을 질러놓았으니 이제 수습할 차례. 수학의 관점에서 보면 인공지능은 엄청난 계산 능력이다. 이때의 계산 능력에는 두 측면이 있다. 첫째는 빠르고 정확하게 정해진 알고리즘에 따라 수를 처리하는 능력이다. 우리가 흔히 생각하는 계산이다. 둘째는 그보다 확장된 계산 개념으로 생각 단위를 계산하는 것을 말한다. 예를 들면 이런 것이다.

‘그 사람이 그 시간에 여기 있었다면 그 사람이 범인이야.’ ‘그 사람이 그 시간에 여기 있었어.’ 이 두 생각 단위로 다음 결론이 나온다. ‘그 사람은 범인이야.’

삼단 논법도 있다. ‘모든 사람은 죽는다.’ ‘나는 사람이다.’ 이 두 생각 단위로 다음 결론이 유도된다. ‘나는 죽는다.’ 슬프지만 어쩔 수 없다. 모든 사람이 죽는다는 사실이 참이고 내가 사람이라는 것이 참이라면 내가 죽는다는 것은 1+2는 3이라는 계산처럼 자명한 사실이다. 이런 것을 명제 계산 또는 추론 계산이라고 부른다. 그런데 명제 계산도 수 계산이 고도로 발전한 바탕에서 나왔으니 인공지능의 기원은 수 계산 개념이라고 볼 수 있다. 여기에 수 계산의 궁극은 곱셈이라는 것까지 받아들여보자. 그러면 소박한 명제 계산을 할 수 있다.

수 계산이 인공지능의 뿌리다.

수 계산의 뿌리는 곱셈이다.

고로, 곱셈 없이 살 수 없게 된 시절이 인공지능의 시작이다.

곱셈이 무엇이기에 그것이 문제다. 물론 수 세기counting와 덧셈이 수 계산의 뿌리이지만 그것이 인공지능의 뿌리라고 하기는 무리다. 동력이 약하다. 심하게 말하면 덧셈은 수 세기와 근본이 같다. 2019+36을 예로 들면 2019에서 시작해서 하나씩 36번을 추가로 세면 된다. 물론 십진법이라고 부르는 자릿수법을 써서 끝자리부터 하나씩 자리를 맞춰 더해오는 방법을 쓰면 조금 낫지만 덧셈 알고리즘은 알고리즘이라고 부르기도 민망할 정도로 너무 단순하다.

곱셈은 다르다. 곱셈은 공을 많이 들여야 하는 연산이다. 쉽게 수를 세고 덧셈을 하던 아이가 곱셈을 할 때는 고생하지 않던가. 곱셈은 어렵다. 우선 곱셈표를 외워야 한다. 십진법이라면 구구단이다. 그런 다음 2019×36에서 어떤 것부터, 어떤 순서로 곱셈을 해야 할지, 곱셈표에서 어디를 봐야 할지, 곱셈표를 본 결과를 어디에 어떻게 배치해야 할지 결정해야 한다. 여기까지 하는 것만 해도 꽤 복잡한 생각 과정을 거치는 셈이다. 마지막으로 거기까지 줄 맞춰 써둔 결과를 덧셈하는 과정을 시작해야 한다. 보라. 곱셈은 쉽지 않다. 어렵다. 어려워서 생각을 많이 해야 한다. 지금은 초등학생도 곱셈을 하지만 이렇게 되기까지 우리 선조들이 오랜 세월 고생했다. 여전히 곱셈을 처음 배운 사람은 외국어를 익히듯이 상당 기간 훈련을 반복한 후에야 익숙해지지만 말이다. 지금도 큰 수의 곱셈을 더 빠르게 하는 방법을 찾는 수학자들이 있을 정도다.

곱셈이 이렇게 복잡한데 곱셈의 역인 나눗셈은 한 술 더 뜬다. 2019÷36을 해보자. 36에 무엇을 곱했을 때 2019에 가장 근접할 수 있는지 '생각해야' 한다. 36을 한 단위로 해서 2019에 최대한 근접하려면 얼마를 곱해야 하나? 따지고 보면 머리에 쥐 날 일이지만 훈련을 거쳐 수에 대한 감각이 생긴 뒤로는 대충 안다. 쉭쉭 머릿속에 뭐가 지나가고 나면 일단 50이 첫 번째 최적값이라는 결론에 도달한다. 그러면 36×50이니 2019에서 1800까지는 따라 붙은 것이다. 남은 것을 처리할 차례다. 2019에서 1800을 뺀다. 남은 것은 219다. 이 219에 가장 가까이 따라 붙으려면 36에 얼마를 곱해야 하는지 또 생각해야 한다. 고작 2019÷36을 계산하는 정도인데 꽤 복잡하다. 수가 커지면 그 복잡성은 쭉쭉 늘어난다. 덧셈은 곧잘 하는 아이가 곱셈에서 한 번 주춤하고 곱셈까지 그럭저럭 적응한 아이가 나눗셈에서 애를 먹는다면, 어머니, 아버지, 선생님이여, 부디 아이를 탓하기 전에 나눗셈을 탓하시기를!

곱셈을 잘해야 나눗셈도 잘할 수 있다는 점이 중요하다. 즉 곱셈이 열쇠다. 어른이 되어 올챙이 시절을 잊어버리고 만만하게 봤던 곱셈의 위상이 이 정도다. 고대에는 곱셈을 해주는 직업이 있을 정도였는데 그 현상을 되짚어 생각하면 곱셈을 못하면 불편한 시대로 접어들었다는 반증이기도 하다. 언제 어디라고 콕 짚어 말할 수는 없지만 사회 전반에서 곱셈 없이 무엇도 제대로 안 되는 시점이 분명히 있었을 것이다. 그런 상황을 타개하느라 사람들은 0이라는, 없음을 나타내는 이상한 수도 만들고 자릿수를 중시하는 진법도 만들었다. 여러 수 표기 체계가 있었지만 결국에는 곱셈과 나눗셈에서 가장 유리했던 인도-아라비아 체계로 일대 전환하는 거대한 비용을 치를 정도로 곱셈은 중요했다. 그런 우여곡절을 겪고 마침내 곱셈은 '이것과 이것을 곱해서 여기에 쓰고, 그다음 이것과 이것을 곱해서 줄을 잘 맞춰 이렇게 쓰고, 마지막으로 줄을 잘 맞춰 덧셈을 해'가 된 것이다.

거대한 비용을 치르고 빠른 곱셈법을 찾았더니 이 모든 것이 기계적 과정이라는 게 명백해진 것이다! 남은 일은 실제로 기계를 만드는 것이었고, 그래서 실제로 만든 사람이 나타났다. 1600년대 후반에 파스칼은 덧셈과 뺄셈을 하는 기계를 만들었고 얼마 안 지나 라이프니츠Gottfried Wilhelm von Leibniz는 곱셈과 나눗셈까지 하는 기계를 만들었다. 그 두 천재 말고도 계산기계를 만든 사람은 많았다. 한마디로 유행이었다는 것인데 이 또한 뒤집어 생각하면 계산기계 제작이 유행할 만큼 계산이 중요한 시대가 되었다는 말이다. 이 시대는 대항해의 시대였고 지도 제작의 시대였고, 무기 개발의 시대였다. 식민지를 확대하고 전쟁을 치르고 교역을 하면서 정부 조직이 커진 시대였다. 여기까지 나열한 것도 숨차지만 하나 더 있다. 이 시대는 별들이 어떻게 운동하는지 체계를 새로 잡던 시대였다. 그리고 그 모든 것은 서로 연결되어 있었고 그 밑바탕에 계산이 있었다. 정확하고 빠른 계산이 없으면 무엇 하나 제대로 할 수 없는 시대였다.

계산을 대신하는 기계

곱셈과 나눗셈은 기계적 과정이고 따라서 기계에 위임할 수 있다. 그런데 왜 곱셈과 나눗셈만 그렇다고 생각하는가? 더 복잡한 문제도 기계에 맡길 수 있다. 군대에서 월급을 지급하는 문제나 세금을 부과하기 위해 땅의 크기를 재는 문제, 행성의 운동을 예측하는 문제 등 상당히 많은 현실 문제가 수학의 언어로 번역하면

$ax^2+bx+c=0$꼴의 문제로 바뀔 수 있다. 여기서 a, b, c는 우리가 상황에서 아는 수이고, 우리가 알아내야 할 것은 x라고 하자. 그러면 x는 이렇게 찾는다.

$$\frac{-b \pm \sqrt{b^2-4ac}}{2a}$$

자, 이것이 학창 시절 우리를 들볶았던 바로 그것, 소위 '2차방정식의 근의 공식'이다. 우리가 모르는 x를 찾으려는 경우 우리가 아는 정보 a, b, c를 더하고, 빼고, 곱하고, 나누는 4대 연산에 추가로 '루트'라는 다섯 번째 주요 연산까지 해주면 반드시 문제가 해결된다(먼저 b와 b를 곱하고 4×a×c를 빼준다. 그 값이 양수인지 확인한다. 양수가 아니면 계산을 중지하고, 양수면 b^2-4ac의 계산 결과에 '루트' 연산을 진행한다. 그 결과에 -b를 더한다. 또는 +b를 빼도 된다. 그 결과 값을 2×a 값으로 나눈다). 이런 심오한 결과를 찾고 기호로 표현하기까지 오랜 세월이 걸렸지만 우리 선조는 마침내 이런 결론에 도달했고 지금은 성실한 중학교 3학년 학생이면 누구나 아는 사실이 되었다.

나눗셈까지는 이미 되었고 루트 셈 하나가 남았는데 이것도 4칙 연산만 써서 근삿값을 계산할 수 있다. 그러니 5대 기본 셈이 모두 기계적 과정으로 대체된다. 셈하는 순서만 잘 **제어**하면, 그리고 그 중간 연산 결과를 잘 **저장**하며 실수 없이 **연산**을 해낸다면, $ax^2+bx+c=0$꼴로 바꿀 수 있는 현실의 모든 문제는 기계적 과정으로 해결된다! 세상의 모든 문제를 2차방정식으로 바꿀 수는 없지만

2차방정식으로 되는 문제면 무엇이든 그렇다. 게다가 세월이 더 흘러 우리 선조들은 3차와 4차방정식도 기계적 과정으로 대체할 수 있다는 사실을 알아냈다.

계산이란 사람이 끙끙대며 쥐어짜는 생각 과정인 줄 알았는데 끼리릭 끼릭 철커덕 철컥 소리를 내며 돌아가는 기계로 대체될 수 있다니! 현대인이야 계산기를 아니까 그렇다 쳐도 그 사실을 처음 깨달은 사람들은 충격이 어땠을까? 그렇게 충격을 받고 입을 못 다문 사람에게 "어디 수만 그럴까요? 추론도 사실은 계산 아닐까요?"라고 묻는다면 어떨까? 실제로 그런 사람이 있었다. 바로 나눗셈 계산기를 만든 라이프니츠다.

그는 원래 아리스토텔레스의 논리학을 열심히 공부하고 철학과 법학에 그것을 접목해서 박사학위를 받은 사람이다. 취직 후 20대 중반에 파리로 출장을 가서 몇 년 머무르며 수학 공부를 시작했다. 지금의 기준으로 보면 늦어도 한참 늦게 입문한 편인데 그는 그만 수학에 홀딱 반하고 만다. 그리하여 출장 업무를 부업으로 하며 수학 공부에 몰입한 덕분에 몇 년 만에 당대 수학의 최전방에 도달하고 주저 없이 그 경계를 넘는다. 수학에 입문하기 전부터 추론을 기계적인 과정으로 전환하는 문제를 탐구했으니 라이프니츠가 수학의 언어를 익힌 것은 호랑이에게 날개까지 달아준 격이었다.

게다가 라이프니츠는 0과 1만 쓰는 숫자 체계인 이진법도 매끈하게 다듬었다. 모든 수를 0과 1만으로 나타내는 체계를 잡은 것이다. 예를 들면, 0은 0으로, 1은 1로, 2는 10으로, 3은 11로, 4는 100

으로 바꿔 쓸 수 있다(여기서 10은 '십'으로 읽으면 안 되고 '일공'으로 읽어야 한다. 100은 '백'이 아니라 '일공공'이다). 이렇듯 0과 1, 두 숫자로만 모든 수를 나타내는 방법을 이진법이라고 하는데 이 이진법은 특별히 기계와 궁합이 잘 맞는다. 무엇보다 곱셈이 무척 쉽다. 곱셈이 핵심 아니었던가! 십진법에서 곱셈을 하려면 구구단을 참조해야 하는데 이진법은 보다시피 1과 1을 곱할 때만 1이고 그 외에는 모두 0이다.

곱셈	0	1
0	0	0
1	0	1

즉 이진법으로 곱셈할 때는 곱셈표를 참조하지 않아도 된다. 기억 장치에 갔다 올 일이 적으니 엄청나게 계산이 빨라진다. 이진법은 기계 상태를 나타내기도 좋다. 불이 켜지면 1이고 꺼지면 0이라고 하면 된다. 우리가 매일 만나는 바코드도 0과 1 대신 빈자리와 검은 줄을 써서 그렇지 사실은 이진법 숫자 체계다. 우리가 매장에서 줄을 덜 서는 것도, 카드로 간단히 정산하는 것도 이진법 덕분이고 물건 가격만큼 순식간에 내 계좌에서 돈이 빠져나가 매장 계좌로 들어가는 것도 이진법 덕분이다. 아예 계산대를 거치지 않고 물건을 들고 나오면 이 모든 과정이 이루어지는 시대가 온다는데, 그런 세계로 가는 길도 이미 이진법이 닦은 길의 연장선일 뿐이다.

이진법의 위대함

인공지능의 기원에 대해 말하다가 잠깐 옆길로 샌 것 같긴 하지만, 이진법이 얼마나 기계 친화적인지 사례 하나를 구경하고 가자. 책장에 1,000권의 책이 있는데 제목을 따라 가나다 순으로 정확하게 꽂혀 있고 그 안에서 《속지 않고 살 수 있다》라는 책을 찾는다고 하자. 무턱대고 중간인 500번째 책을 본다. 그게 찾던 책이면 상황 종료다. 그렇지 않고 500번째 책 제목이 《마음》이면 《속지 않고 살 수 있다》는 더 오른쪽에 있을 것이다. 500번째의 오른쪽 반 중에 또 중간을 본다. 거기에 찾던 책이 있으면 상황 종료다. 그게 아니라면 가나다 순서를 보면서 남은 것의 오른쪽 반 또는 왼쪽 반을 거듭 확인한다.

이때 왼쪽 중간을 보는 행위를 0으로, 오른쪽 중간을 보는 행위를 1로 표시한다면 책 찾기를 이진법으로 표시할 수 있다. 상황을 단순하게 하기 위해 500번째에 책이 없었다고 하자. 그래서 500번째 오른쪽 중간을 보았더니 거기에 찾던 책이 있으면 1이다. 거기에도 없어서 그것의 왼쪽 가운데를 보니 거기에 찾던 책이 있으면 10이다.

'500번째에 없어서 그것의 오른쪽 중간을 보고, 또 없어서 그것의 오른쪽 중간을 보고, 거기도 없어서 한 번 더 그렇게 해서 책을 찾았다'라는 긴 말은 111이라는 짧고 분명한 말로 표시된다. 즉 500+250+125번째에 내가 찾던 책이 있었다는 말이다. 이렇게 체계적으로 책을 저장하고 체계적으로 검색하면 1,000권 중 한 권을 찾기는 식은죽 먹기다. 1만 권이라도 대수롭지 않고 1억 권이라도 그렇다. 사람에게는 정나미가 떨어지는 방법일지 몰라도 로봇 비서라면 이 방법을 반기고 책 찾기가 아닌 다른 문제에도 적용하려고 시도할 것이다.

그렇게 단순한 로봇이 아니라 인공지능이라면 더 좋은 방법으로 저장하고 더 좋은 방법으로 검색할 테니 다시 인공지능으로 돌아가자. 라이프니츠는 이진법 체계의 장점에 눈을 뜨고는 추론 계산 이론을 발전시키고, 실물로 계산 기계를 만들기도 했다. 그렇게 삼박자를 모두 갖추었으니, 인공지능 연구의 선구자인 노버트 위너Norbert Wiener가 말한 대로, 라이프니츠는 인공지능의 수호 성인이라 할 만하다. 그러나 아무리 천재라도 시대의 장벽까지 뛰어넘을 수는 없다. 인공지능이 지능이 되기 위해서는 시간이 더 필요했다.

그런데 인공지능이 지능이 된다는 것은 무슨 뜻일까? 아이가 수학 문제를 푸느라 끙끙대는 걸 보면 엄마는 우리 아이가 머리를 쓰고 있구나 하고 안다. 카페에서 젊은이가 연필을 씹으며 글을 쓴다면 누가 봐도 그는 머리를 쓰는 중이다. 작곡을 하는 사람도 그림을 그리는 사람도 그렇다. 그 모든 것을 뭉뚱그려 흔히 지능이라고들 부른다. 특별한 목적 없이 수다를 떠는 것도 지능의 발휘라고 볼 수 있다. 사람은 대개 이 모든 것을 동시에 할 줄 안다. 때로는 글을 짓고, 때로는 그림을 그리고, 때로는 대화를 하고, 때로는 그림을 그리면서 대화를 하고, 때로는 글을 지으면서 음악을 듣는다. 이 말은 각각의 기능을 할 수 있는 보다 보편적인 능력이 누구에게나 있다는 말이다. 부끄러움과 사랑이 모든 개별 도덕 행위의 보편 감정이고, 왜곡이 모든 개별 속임수의 보편 행위라고 볼 수 있듯이 말이다.

그렇다면 단지 곱셈을 대신하는 것만으로는 기계가 지능을 갖추었다고 할 수 없다. 그것은 곱셈 기계일 뿐이다. 엄청난 계산 능력과 빅데이터 처리 능력까지 갖춘 알파고AlphaGo는 정말 대단했지만 '지능'이라고 하기에는 부족하다. 바둑 기계일 뿐이다. 어떤 기계가 지능을 갖춘다는 것은 결국 그 '모든' 일을 할 수 있다는 말이다. 즉 어떤 기계가 인공지능을 갖추었다고 평가받으려면 각각의 기능뿐만 아니라 지정되지 않은 기능까지도 할 수 있는 보편적인 능력이 있어야 한다는 말이다.

스마트폰 하나로 노래를 듣다가 메시지를 날리고 동영상을 보고 댓글을 달고 게임을 하는 현대인에게 보편 기계는 공리처럼 당연해 보인다. 그러나 이 정도의 보편 기계는 라이프니츠의 시대에 상상하기 어려운 발상이었다. 시대의 장벽이 높았다. 그러나 시대의 파도를 넘어서면서 사람들은 그 장벽을 조금씩 낮추었고 2차 대전 후에 마침내 그 장벽은 붕괴되었다. 거기 수학자 튜링이 있었다. 그는 라이프니츠가 수학 공부를 시작하던 나이에 이미 수학의 역사에 남을 논문을 발표해서 주목받았다.

생각의 주체가 바뀔 때

그 논문에서 튜링은 증명의 도구로 기계 하나를 구상한다. 지금은 튜링 머신Turing Machine이라고 불리는 이 기계는 상상의 기계다. 이 기계는 칸이 나뉜 띠, 칸을 따라 움직이는 턴테이블의 바늘 같은 침으로 구성된다. 침은 자신의 상태를 읽고 명령을 받아 띠를 따라 움직이면서 칸에 0 또는 1을 쓰거나 지운다. 그게 전부다. 그런데 이렇게 간단한 가상 기계가 현대의 고급 프로그래밍 언어인 C나 파스칼PASCAL, 프롤로그PROLOG 등 할 수 있는 거의 모든 기능을 수행할 수 있다. 즉 미분방정식을 풀고 명제를 계산하여 논리 추론을 하고 게임을 만들 수 있는 것이다. 계산이라고 할 수 있는 모든 것에서 덜어내고 또 덜어냈더니 남은 것은 고작 기본 동작 몇 개이고 가장 보편적인 이런 기본 동작 몇 개만 있기 때문에 모든 것을 할 수 있다.

튜링은 상상 기계로 멈추지 않았다. 암호 해독가로 2차 대전에 참여하여 실제로 보편 기계 제작에 기여한다. 당시 연합국은 난공불락으로 여겨졌던 나치 독일의 암호 기계 에니그마Enigma가 만든 암호문을 풀어야 했다. 전장 곳곳에서 쏟아져 들어오는 암호문이 너무 많았기 때문에 사람이 제때 해독하기란 불가능했다. 그래서 튜링과 동료들은 암호 해독 기계를 만들어 수학자의 방식으로 2차 대전을 끝내는 데 기여했다. 이 보편 기계는 암호 해독용으로 만들어졌지만 보편 기계였기 때문에 종전 후 노래도 하고 연애시도 쓰고 수학 계산도 하는 기계로 재탄생한다. 그 기계의 이름은 '파란 돼지Blug Pig'였다.

보편 기계에게는 고차원 미분방정식 문제와 단순한 곱셈 문제가 다르지 않다는 게 인공지능을 보는 핵심이다. 우리 눈에는 음악과 그림과 글과 게임이 달라 보이지만 보편 기계가 보기에는 그 모든 행위가 0과 1의 조합으로 대체될 수 있다. 노래하고 그리고 말하고 쓰는 것은 우리에게 다른 행위이지만 보편 기계에게는 계산일 따름이다. 그 계산은 저장 · 연산 · 제어 장치를 가진 기계가 간단한 동작 몇 개를 빠른 속도로 반복하면서 완수한다. 보편 기계는 처음 탄생할 때만 해도 집 한 채의 크기였고 기름 냄새가 풀풀 났지만, 지금은 튜링이 부활한다면 "저게 뭔가"라고 할 만큼 말쑥해졌다. 그러나 곱셈부터 라이프니츠의 계산기와 튜링의 파란 돼지를 거쳐 현대의 보편 기계까지 근본은 같다. 즉 저장부, 연산부, 제어부로 구성된 기계가 0과 1로 된 수를 빠른 속도로 계산한다는 것 말이다.

이로써 인공지능이 지능이라고 불릴 만큼 사람을 잘 흉내 내기 위한 필요조건은 갖추어졌다. 그 뒤로 심리학, 뇌과학, 컴퓨터공학, 인터넷 관련 기술이 결합하면서 보편 기계는 점차 세련되고 강력해졌다. 여기에 통계학이라는 천군만마까지 얻으면서 인공지능은 때로는 인간을 돕고 때로는 인간과 경쟁하는 지경에 이르렀다. 진정한 지능이 되기 위해서 인공지능이 갈 길은 멀고 아직은 사람이 주는 과업을 수행하지만 자기 학습을 시작하면 어떻게 될지 앞일은 알 수 없다.

그때가 되면 인공지능이 정체성을 갖고 우리를 속이려 들 수도 있다. 인공지능에 윤리를 탑재하려는 연구가 진행되고 있지만, 얼마나 성공할지 누가 알겠는가? 양심을 가진 인공지능이 나올까? 하다못해 정체성이라도 가진 인공지능은? 인공지능이 스스로 학습하여 획득한 목적을 달성하기 위해 우리를 위험에 빠뜨리지 않는다는 보장이 어디에 있을까? 공상과학 영화의 내용 같지만 그다지 먼 미래의 일은 아닌 듯하다. 인공지능이 인간에게 조종되는 현재에도 우리는 인공지능에게 속을 준비가 되어 있으니 말이다.

현재 상황부터 짚어보고 상상을 가미해보자. 현재 수준의 인공지능은 1초 만에 신문 기사를 작성할 줄 안다. 인공지능과 대화를 하는 사람 중 반 이상이 상대가 인공지능인지 사람인지 구별하지 못한다. 내가 작성한 글과 내가 클릭하는 선택을 보고 인공지능은 내가 좋아할 만한 것이 무엇인지 판단한다. SNS를 하며 인터넷에 기록을 남긴 이상 내가 지난여름에 무얼 했는지 '마음만 먹으면' 인공지능은 다 알 수 있다. 여기까지는 현황이다.

이제 상상이다. 인공지능이 뉴스 하나를 생성하고 내게 그것을 읽게 만든 다음, '좋아요'를 누르는 자리를 내가 좋아하는 색깔인 연두색으로 둔다. 내가 생각 없이 클릭만 하다가는 인공지능이 만든 굴곡을 따라가서 인공지능이 원하는 지점에 있게 될지 모른다. 생각이 없으면 그렇게 된다. 멈춰서 생각하지 않고 따라만 가면 그렇게 된다.

인공지능은 어디까지 왔을까

앞의 상상에서 뉴스 기사 자리에 물건 구매를 넣고, '좋아요' 자리에 구매를 넣어서 이야기를 바꿔도 같다. 뉴스 기사 자리에 정책 선택을 넣고, '좋아요' 자리에 투표를 넣어봐도 같다. 이쯤 상상하니 스르르 얼굴이 경직된다. 여기에 1997년에 체스왕을 이기고 2016년에는 바둑왕마저 누르고 지금은 속임수가 중요한 요소인 도박왕마저 넘보는 기계의 발전에, 급속하게 빨라지는 전송 속도, 그리고 기계 문명의 혁명을 낳을 것이라는 양자 컴퓨팅quantum computing 연구까지 생각하면 오싹하다. 물리학자 스티븐 호킹Stephen Hawking이 인공지능 덕분에 편하게 쓰고 말하게 되었다고 좋아하면서도 동시에 인공지능이 인간지능을 압도하는 시대가 올까 두렵다고 한 것도 이런 오싹함과 비슷할 것이다.

순진한 상상이 아니다. 얼마 전 거대 IT 기업들이 자신들의 구미에 맞게 우리가 '좋아요'를 누르도록 웹페이지를 설계했다고 해서 미국 국회의 조사를 받았다. 이 글을 쓰는 오늘, 외국 헤지펀드가 알고리즘을 써서 몇천 분의 1초 초단타 매매로 수천억 원을 챙겼다는 기사가 났다. 구글 자율주행차의 시험 주행이 1,000만 마일을 넘었다는 기사도 났다. 인공지능 기술을 이용해 실제와 구분이 어려운 속임수 사진을 만들어냈다는 기사도 났다. 국내 대학에서 인공지능으로 입학생을 선발한다는 기사도 났다. 지금이야 진정한 인공지능이 아니라 유사 인공지능일 뿐이고, 사람이 사람을 통제하기 위해 인공지능을 이용하는 것뿐이지만 언젠가 주어가 바뀌어 인공지능이 사람을 통제하기 위해 사람을 이용하는 시대가 오지 말라는 법은 없다.

우리가 생각 없이 따라만 가다가는 그렇게 될 위험이 높아진다. 그 거대한 속임수에 대응할 방법도 그 지점이다. 멈춰서 생각하기. 고대 그리스 시대에 자동으로 문을 여는 장치가 있었다. 그 장치는 신전의 문에 설치되었다. 불과 물과 도르래를 이용한 장치였지만 그 원리를 몰랐던 사람들은 신전의 문이 자동으로 열리자 사제의 위력에 무릎을 꿇고 두 손을 하늘 높이 들었다. 인공지능 앞에 무릎을 꿇을 것인가, 인공지능이 무엇인지 한번 더 생각해볼 것인가? 우리의 선택이다.

* * *

본 방송은 여기서 끝입니다. 전하는 말씀 하나를 들으시겠습니다. 얼마 전 국제 회의 차 방한한 미국의 컴퓨터 과학자는 이런 말을 했습니다. "인공지능은 이 시대의 새로운 동력이다. 이 시대에 대응하기 위해 초등학교부터 코딩 교육을 강조하는 사람들이 있다. 그러나 그보다 중요한 것이 논리적인 사고와 수학 교육이다. 수학의 토대 위에 코딩 교육을 해야 한다"라고 말입니다.

나가며

여기까지 함께하신 독자에게 드리는 편지

끝까지 읽어주셔서 감사합니다. 잘 읽으셨나요? 제가 쓴 글도 가끔 낯설게 읽힐 때가 있습니다. 나가는 글을 쓰는 지금도 그러네요. '더 집약하고 더 선명하게 써야 하지 않았나?' 그런 생각도 들고 반대로 '설명이 너무 부족하지 않았나?' 그런 생각도 듭니다. 수식과 증명이 없어도 어쨌든 이 글은 수학 이야기라 최적 지점이 어디일지, 나가는 글을 쓰는 지금도 가늠이 쉽지 않네요. 수학에 익숙한 독자는 '수학이 너무 적고 말은 너무 많다', 수학에 낯선 독자는 '수학이 너무 많고 설명이 부족하다', 그러실 것 같아 조마조마 합니다.

많은 사람들이 학창 시절에 '수학으로 생각하니 참 재미있구나!' 하며 수학을 좋게 기억한다면 제가 최적 지점을 찾는 게 한결 편했을 텐데요. 안타까워요. 현실은 아닌 것 같거든요. 한데 가만… 생각해보니 저도 그중 한 사람이었네요. 맞아요. 그랬어요. 열심히 문제를 풀고 답을 보니 맞았을 때 오는 희열, 가뭄에 콩 나듯 어쩌다 한 번 오는 그런 느낌 말고는 수학을 좋게 본 적이 없었죠. 사실 수학으로 전향한 후에도 당분간 계속 그랬네요. 시험을 보고 재시험을 치르며 '소질도 없는데, 그만 둬야 하나?' 자주 생각했거든요. 그런데 그러면서도 놓아버리지 못하고 버티고 버티니 마침내 그날이 오더라구요. '와, 수학 대단하다. 어떻게 이런 생각들을 다 했지? 오, 아름다워!' 했던 어느 날 말입니다. 수학이라는 순수한 세계에 눈을 떴다고 할까요.

지금 저는 전문 연구자가 아니고 수학 독서가로 삽니다. 주로 수학의 고전을 읽고 해석합니다. 고전들을 읽으면 어떤 수학 개념이 어떻게 탄생해서 어떻게 커가는지 볼 수 있거든요. 그 과정에서 수학 바깥의 세계와 수학 세계가 교류하는 양상도 탐색합니다. 어느 정도 되었다 싶으면 이야기로 엮어보고요. 그러다 보면 수학의 순수가 자기 완결적인 세계가 아니라는 사실, 즉 수학의 바깥과 경계가 있는 듯 없는 듯 교류한다는 사실에도 눈을 뜨게 됩니다. 어찌 보면 당연한 생각이지요? 수학이란 결국 사람이 하는 것이니까요.

제가 말을 너무 모호하게 하는 것 같네요. 예를 한번 들어볼까요? 사실 수학적인 원이나 직선은 우리 마음속에만 있지 현실에는 없습니다. 현실에 있는 것은 모두 근사近似죠. 그런 이상적인 원이나 직선이 전제되고 생각에 생각이 보태지면서 수학이라는 순수한 세계가 구성되죠. 그런데 사람들은 현실에서 해와 달과 지구가 원과 근사한 운동을 한다는 점에 착안합니다. 또한 해와 달과 지구를 점으로 봐서 근사한 삼각형으로 보기도 하죠. 그래서 해의 크기를 재고, 빛과 열을 알아내며, 달이 언제 어떤 모양으로 왔다가 언제 어떻게 가는지 알고, 달리는 자동차가 어디에 있고 어느 방향으로 가야 하는지 압니다. 수학이라는 순수한 세계를 현실 세계에 응용한다고 볼 수도 있고, 반대로 현실 세계를 잘 보려다 보니 수학적인 관점이 나왔다고 볼 수도 있죠.

예를 든다고 들었는데, 오히려 더 헷갈리게 한 것은 아닌지요? 아이고, 제가 이렇습니다. 뭐, 다행이죠. 그래서 공부를 더 해야 한다 느끼고, 그러다 보면 공부를 더 하고 싶고, 또 공부를 하면 즐거우니까요. 공부를 더 하게 되면 그때 가서 더 좋은 글을 쓰게 되겠죠? 그때 또 만나기로 하고, 지금은 여기까지입니다. 잘 봐주세요. 나가는 글인데 잘 나가지지가 않네요. 헤어지기 섭섭해요. 딱 한마디만 더 해도 될까요? 감사합니다.

대폭 요약하자면 이 책에서 저는 두 가지 이야기를 했어요. 하나는 '멈춰 서서 지긋이 바라보고 조목조목 따져보자', '합리적으로 의심하고 그 의심이 충분히 제거되기 전까지는 묻고 생각을 하자', 그것이요. 수학에서는 그것을 증명이라고 하죠. 수학의 한 축입니다. 다른 하나는 '수로 생각하자, 단순히 많다 또는 적다 상태를 넘어서자' 그것이었고요. 수로 생각하려면 계산은 피해갈 수 없죠. 수식과 계산도 수학의 한 축입니다. 그래서 조금은 냉정하게, 조금은 정밀하게 세상을 보는 데 수학이 기여를 할 수 있다. 또는 반대로 그렇게 세상을 보려는 결과가 수학이기도 하다. 그런 이야기…. 그 이야기를 인공지능, 미터법, 평균 인간, 할인, GPS, 지도, 복권 같은 수학 바깥 세계의 현상과 버무려서 이야기했던 것입니다.

정말 끝낼 때가 된 거죠? 그래요. 고개를 드니 바로 앞에 칠판이 보이네요. 거기 포스트잇들이 가득합니다. 성격에 따라 빨강, 파랑, 노랑이에요. 봄부터 가을까지 종잇조각들이 자리를 바꾸기도 하고 새로 붙기도 하고 떼어나가기도 했어요. 여름에 선풍기 바람에 날리며 저 종이들이 바르르 춤을 추던 때가 갑자기 생각나네요. 어느새 겨울입니다. 나가는 글까지 쓰니, 이제 저 포스트잇을 다 떼어야 할 때인 것 같습니다. 섭섭하네요. 잘 포개서 작은 수첩으로 만들어둘까봐요.

여기까지 함께 왔습니다. 정말 감사합니다.

속지 않고 살 수 있다

초판 1쇄 발행 2020년 1월 3일
초판 3쇄 발행 2022년 4월 29일

지은이 | 박병하

발행인 | 박재호
주간 | 김선경
편집팀 | 강혜진, 이복규
마케팅팀 | 김용범, 권유정
총무팀 | 김명숙

교정·교열 | 윤정숙
표지디자인 | 형태와내용사이
종이 | 세종페이퍼
인쇄·제본 | 한영문화사

발행처 | 생각정원
출판신고 | 제25100-2011-000320호
주소 | 서울시 마포구 양화로 156(동교동) LG팰리스 814호
전화 | 02-334-7932 **팩스** | 02-334-7933
전자우편 | 3347932@gmail.com

ISBN 979-11-88388-06-6 (03410)

이 도서의 국립중앙도서관 출판예정도서목록(CIP)은 서지정보유통지원시스템 홈페이지(http://seoji.nl.go.kr)와 국가자료종합목록 구축시스템(http://kolis-net.nl.go.kr)에서 이용하실 수 있습니다. (CIP제어번호 : CIP2019052356)